WOLF HAAS
WACKELKONTAKT

Roman | Hanser

11. Auflage 2026

ISBN 978-3-446-28272-8

Vilshofener Straße 10 | 81679 München | info@hanser.de

Umschlaggestaltung: Büro Perndl
Satz: Greiner & Reichel, Köln
Druck und Bindung: CPI books GmbH, Leck
Printed in Germany

FSC
www.fsc.org
MIX
Papier | Fördert gute Waldnutzung
FSC® C083411

OFF

FRANZ ESCHER WARTETE immer noch auf den Elektriker, als er mit dem Puzzle fertig war. Vorsichtshalber schaute er nach, ob er versehentlich die Klingel abgestellt hatte. Da seine Garderobenstange oberhalb der Sprechanlage montiert war und seine Jacken und Mäntel das rote Kontrolllicht der Stummschaltung verdeckten, vergaß er manchmal tagelang, die Klingel wieder einzuschalten. Wenn ihm das passierte, machte er sich jedes Mal Gedanken, ob er schon anfing vergesslich zu werden. Mit der Sprechanlage war aber alles in Ordnung – er befand sich nur in der üblichen Warteschleife, auf deren Umlaufbahn man von nicht aufkreuzenden Handwerkern geschickt wurde.

Escher war kein übertrieben ungeduldiger Mensch, aber er mochte es nicht, wenn er zu viel Muße hatte und anfing, über sein Leben nachzudenken. Sein Hirn ging dann überflüssigen Fragen nach wie jener, ob sein Leben anders verlaufen wäre, hätte er einen anderen Namen gehabt. Dabei war es über dreißig Jahre her, dass ihm sein Name dieses Geburtstagsgeschenk bescherte, das ihn für sein restliches Leben beschäftigen sollte.

Zu seinem 19. Geburtstag hatte er ein paar Leute eingeladen. Seinen besten Freund Andi, drei Schulkollegen, das Paar aus der hellhörigen Nachbarwohnung, das er lieber einlud, bevor sie sich beschwerten, sowie seine Proseminar-Partnerin Daniela und deren bezaubernde WG-Mitbewohnerin. Escher war stolz darauf, dass es ihm beim Aussprechen seiner Einladung an die Proseminar-Partnerin gelang, wie nebenbei zu ihrer stillen Freundin zu sagen, sie könne gern auch kommen, falls sie nichts Besseres zu tun habe. Um sie ging es ja eigentlich, doch mit dem Nebenbei-Trick linderte er die Schmach der zu erwartenden Abfuhr.

Als diese verschlossene Person dann tatsächlich seine Wohnung betrat (im Lauf des Abends erfuhr Escher, dass sie Martine mit e hieß, weil ihre Mutter Französin war), überreichte sie dem Geburtstagskind ein in Seidenpapier gewickeltes Geschenk.

Nach all den Jahren erinnerte er sich immer noch genauer an die Situation, als ihm lieb war. Er hatte das Päckchen sehr sorgfältig geöffnet, ohne sich bei Martine durch Zerreißen des schönen Papiers als gefühlloser Grobian zu disqualifizieren, aber doch entschlossen genug, um bei ihr einen ausreichend zupackenden Eindruck zu machen. Schließlich hatte er das ganze Fest nur ihretwegen eingefädelt. Eschers Herangehensweise an die einfachsten Dinge des Lebens war derart umständlich, dass er schon das Veranstalten eines kleinen Geburtstagsfestes als »einfädeln« empfand. Dabei hatte ihm sein bester Freund Andi versichert, dass diese Halbfranzösin scharf auf ihn war. »Sie steht auf dich«, waren Andis Worte. Escher aber schätzte seine Chancen, dieser bezaubernden Erscheinung im Fall eines perfekten Zusammenwirkens von Alkohol und guten Gesprächen später an die Wäsche gehen zu können, auf maximal fünf Prozent.

Als Escher das Geburtstagsgeschenk mithilfe eines Stanleymessers, dessen scharfe Klinge die Klebestreifen mit chirurgischer Präzision durchtrennte, ohne das Papier zu verletzen, und einer schwungvollen, aber nicht zu torerohaften Ziehbewegung vom Geschenkpapier befreit hatte, grinste Andi ihm begeistert zu und sandte ermunternde Augenbrauensignale aus seinem eifrig nickenden Kopf. Für Andi war hiermit der letzte Beweis erbracht, dass die scheue Martine scharf auf Escher war. Warum sonst hätte sie sich so ein nettes Geschenk überlegt? Auch für die anderen Geburtstagsgäste war es eine klare Angelegenheit. Schließlich war nicht nur Martine die Anmut in Person. Auch Eschers kräftige Statur konnte sich sehen lassen, und der Spitzname »Neandertaler«, den ihm ein zu schnelles Wachstum, eine kaum zu bändigende Lockenpracht und seine hohen Wangenknochen eingebracht hatten, war ihm seit Jahren nicht mehr zu Ohren gekommen. Sogar Eschers legendäre Langsamkeit konnte als Tiefsinn und Umsicht missinterpretieren, wer sich gerade auf der schiefen Bahn der hormonellen Betrachtungsweise befand.

»Ein Puzzle!«, sagte er mit einem blöden Gesichtsausdruck und starrte das zum Vorschein gekommene Päckchen ungläubig an. Er war nicht ganz sicher, ob er sich verarscht fühlen sollte. Schließlich war er kein kleines Kind mehr, was wohl mit dem 19. Geburtstag hinlänglich bewiesen war. Aber er ließ sich nichts anmerken. Es gelang ihm, dem allgemeinen Verhaltenskodex für Geschenkannahme entsprechend seinen Ausruf nicht enttäuscht klingen zu lassen, sondern ihm eine freudig überraschte Note zu geben: »Ein Puzzle! Hey cool!«

Martine, die zur Fremdscham neigte, hoffte, dass er es bald schnallen würde, aber Escher stand auf der Leitung. Er sah die Enttäuschung in ihren Augen, kam aber einfach nicht dahinter, und sagte vorsichtshalber noch einmal: »Cool! Ein Puzzle!«

Sonst war er gar nicht so beschränkt. Im Gegenteil. Auf der Uni saß er in jedem Theorieseminar und war bei seinen Professoren als unerbittlicher Haarspalter gefürchtet. Hatte er aber Interesse an einer Frau (noch Jahrzehnte später wusste er die

Telefonnummer von Martines WG auswendig) und wollte sich von seiner besten Seite zeigen, sank sein IQ ins Bodenlose. Er hielt die Schachtel in der Hand und begriff nichts. Allerdings war er alarmiert von Andis Reaktion, dessen Augen ihn triumphierend, ja fast ekstatisch anblitzten, während er die Zähne wie ein wohlmeinender Menschenfresser fletschte. Schließlich riss Andi die Geduld, und er half seinem Freund auf die Sprünge. Genervt von Eschers Begriffsstutzigkeit klopfte er mit dem Zeigefinger auf den Kartondeckel, der das Bild zeigte, das es zusammenzusetzen galt.

»Escher!«, rief er. »Das ist super – Escher!«

Und endlich fiel auch bei Escher der Groschen. Martine hatte sich doch tatsächlich die Mühe gemacht, ein auf seinen Namen abgestimmtes Geburtstagsgeschenk zu bringen. Ein Puzzle des berühmten Täuschungskünstlers Escher, in dessen Bild zwei Hände sich auf verblüffende Weise gegenseitig zeichneten.

»Das ist aber nett«, sagte Escher. »Tausend Teile! Wo hast du denn das gefunden?«

Um seinen Fauxpas wiedergutzumachen, leerte er das Puzzle sofort auf den Boden aus und zwang seine Gäste, die tausend Teile gemeinsam zusammenzusetzen. Da es sein Geburtstag war, spielten sie mit, aber niemand war so begeistert bei der Sache wie er. Das Festessen verkümmerte zum Selbstbedienungsbuffet inklusive mehrmaliger Ermahnungen des Gastgebers, die Puzzleteile nicht mit Schmierfingern zu verunreinigen. Escher versank so in dem Spiel, dass er gar nicht richtig bemerkte, wie die Zeit verging und wie die ersten Gäste sich nach Mitternacht gähnend verabschiedeten. Am Schluss waren nur noch Andi und Martine da und krochen mit Escher zwischen den Puzzleteilen über den Boden.

Doch auch die zwei letzten Gäste erhielten von Escher nicht viel Aufmerksamkeit. Es entging ihm, dass Martine, über den immer vollständiger werdenden Bildfragmenten kniend, sich so nach den verstreuten Teilen streckte, dass sich ihre ohnehin nicht zu übersehenden Vorzüge zwischen das Geschenk und den Beschenkten drängten. Die Art, wie sie mit raubvogelhafter Anmut über dem entstehenden Bild schwebte, hätte nur einen komplett arglosen Menschen an eine Yogaübung erinnert. Immer wieder streifte sie statt der im Entstehen begriffenen, gezeichneten Hände die lebendigen, nicht mehr zu langen, sondern wohlproportionierten Finger des Geburtstagskindes, indem sie ihm ein Puzzlestück zuschob oder entriss. Es nützte aber alles nichts. Escher hatte nur noch Interesse an dem Gestalt annehmenden Kartonbild aus tausend Teilen. Zwei Hände, die sich gegenseitig zeichneten, ein Wahnsinn, der sich mit zunehmendem Alkoholgenuss zum metaphysischen Erlebnis steigerte.

Schließlich zog Martine enttäuscht mit Andi ab, und Andi fragte ihn am nächsten Tag, ob es für ihre Freundschaft ein Problem sei, dass er sie abgeschleppt hat.

»Naja«, sagte Escher etwas betreten. »Das war eigentlich nicht der Plan.«

Denn wie die meisten Menschen wollte auch er sich nicht so ohne Weiteres die Chance entgehen lassen, sich ungerecht behandelt zu fühlen.

Dann aber besann er sich und schüttelte den Kopf: »Ach was. Freut mich für dich«, sagte er. »Stell dir vor, um halb acht in der Früh bin ich mit dem Puzzle fertig geworden. Ich hab mir gleich das andere bestellt.«

»Was für ein anderes?«

»Das hinten auf der Schachtel abgebildet war. *Der Turmbau zu Babel.*«

Der Turmbau zu Babel blieb dann jahrelang trotz einer Vielzahl von Neuanschaffungen sein Favorit und wurde im Grunde erst von der *Madonna mit dem langen Hals* abgelöst.

Für das Warten auf den Elektriker hatte er aber keines seiner Highlights verschwendet. Nicht die *Madonna mit dem langen Hals*, nicht das *Begräbnis des Grafen von Orgaz*, nicht die *Zehntausend Märtyrer*, nicht die *Enthauptung des Johannes* und schon gar nicht das *Selbstbildnis im konvexen Spiegel*. Man musste wie bei Lieblingssongs aufpassen, ihren Reiz nicht durch zu häufigen Einsatz zu mindern. Ausgerechnet *Die große Welle vor Kanagawa*, die er weniger wegen der weltweiten Verkitschung geringschätzte, als wegen der Tatsache, dass sie nur 500 Teile hatte, lag fertig zusammengebaut auf seinem Parkettboden. Vielleicht war sein Griff ins Regal auch unbewusst davon gesteuert gewesen, dass die *Große Welle* irgendwie zum Elektrikerbesuch passte, da doch der Strom in seinem Land immer noch großteils aus der Wasserkraft stammte.

Jetzt aber war die *Große Welle* fertig und der Elektriker immer noch nicht da. »Im Lauf des Vormittags« – auf eine konkretere Zeit für den Besuch ihres Kollegen hatte die Frau am Telefon sich nicht festlegen wollen. So etwas bedeutete stundenlanges Warten, garniert mit der von Minute für Minute zunehmenden Befürchtung, dass man letzten Endes umsonst gewartet haben und der Handwerker gar nicht auftauchen würde. Um nicht noch ungeduldiger zu werden, griff Escher nach dem Buch, das er am Abend begonnen hatte.

Er las schon lange nur noch eine Art von Büchern, diese aber mit einer Leidenschaft, die fast mit seiner Puzzlesucht mithalten konnte. Bücher über die Mafia. 'Ndrangheta, Cosa Nostra, Camorra, er fraß die Bücher regelrecht. Sachbücher, Romane, historische Studien, was ihm aus diesem Feld unterkam, verschlang er mehr oder weniger kritiklos. Die berüchtigten Familien kannte er besser als seine eigene, die diese Bezeichnung kaum verdiente. Der neue Roman handelte von einem jungen Nachwuchskriminellen im Aspromonte, den die Polizei zum Kronzeugen umgedreht hatte. Siebenundzwanzig hochrangige Mitglieder der 'Ndrangheta wanderten im Gefolge seiner Aussagen für Jahre und Jahrzehnte ins Gefängnis. Die Polizei hatte versprochen, ihn als Gegenleistung unter Zeugenschutz zu stellen und ihm eine neue Identität in einem fremden Land zu geben.

Das erste Kapitel, das Escher vor dem Einschlafen gelesen hatte, war eine erschütternde Aufzählung der Gewalttaten, zu denen der Kronzeuge aussagte. Seit dem zweiten Kapitel zitterte Escher um das Leben des jungen Häftlings. Er hieß Elio, doch seit er so schön sang, nannten die Zeitungen ihn Luciano. In vier Tagen sollte er aus seiner Hochsicherheitszelle entlassen werden und seinen alten Namen für immer ablegen. Ein neues Leben in Deutschland war für ihn organisiert, das war der Deal. Es war der Lohn für seinen Verrat.

Doch je näher sein neues Leben kam, umso tiefer wurde Elios Überzeugung, dass sie ihn kurz vor seiner Entlassung umlegen würden. Obwohl er in der sichersten Zelle im sichersten Gefängnis des Landes saß, rechnete er fest mit seiner Hinrichtung. Er wusste, wie sie arbeiteten. Sie hatten überall ihre Leute. Polizei, Gefängnis, Gericht. Es war klar, dass sie ihn als Rache für die siebenundzwanzig Bosse, die er ans Messer geliefert hatte, auslöschen mussten.

Selbst dem deutschen Drogendealer, den der Untersuchungsrichter ihm in die Zelle gesetzt hatte, damit er seine zukünftige Sprache lernen konnte, traute Elio nicht über den Weg. Sven, der Junkie mit der Junkiestimme, war der einzige Freund, den er hatte. Das schloss nicht aus, dass er ihm in der Nacht die Kehle durchschnitt. Sven zitterte so, dass er kaum seinen Löffel halten konnte, aber er würde es schaffen, ihm im Schlaf ein Messer in den Bauch zu stoßen. Seit Elios Entlassungstermin feststand, erlaubte er sich nur noch einzuschlafen, wenn nicht der geringste Zweifel bestand, dass die Schlaftablette seinen Zellenkumpel in die tiefsten Knastträume versenkt hatte. Und nie schlief Elio in einer anderen Haltung ein als mit seiner rechten Hand an der Zahnbürste, die er mit einer Rasierklinge präpariert und in der Matratze versteckt hatte.

Der Untersuchungsrichter hatte es Elio als staatliche Fürsorge und großes Privileg verkauft, dass er von dem Junkie Deutsch lernen konnte. Wahrscheinlich war es sogar ehrlich gemeint. Im Lauf der Jahre hatte der Untersuchungsrichter das Vertrauen des jungen Kronzeugen gewonnen. Bis zum Prozess hatte er Elio so gut wie alle Wünsche erfüllt und alles in die Zelle geschmuggelt, was sein wichtigster Zeuge sich wünschte. Einmal hatte er ihm sogar ein Foto von seiner orangen Laverda 750 gezeigt, die er seit seinen Tagen als Student in Rom besaß. Es war dasselbe Modell, auf dem sie Elios Cousin Dino an einer Ampel erschossen hatten. Der Untersuchungsrichter verstand mehr von Motorrädern, als Elio gedacht hätte. Der junge Häftling genoss diese vertrauten Gespräche, in denen er kurz alles andere vergessen konnte. Doch sobald alle Aussagen des Kronzeugen vor Gericht dokumentiert waren, hatte sich das Verhalten des Untersuchungsrichters verändert. Seine Besuche wurden selten, und er verhielt sich kühl gegenüber dem nutzlos gewordenen Zeugen. In den letzten Tagen hatte er sich überhaupt nicht mehr blicken lassen. Wahrscheinlich ist es besser für Falcone, wenn ich tot bin, dachte Elio.

So wie man Fußballern die Namen früherer Legenden gab, hatten die Zeitungen seinen Untersuchungsrichter nach dem berühmten sizilianischen Mafiajäger Falcone getauft. Eigentlich waren es nicht die Zeitungen, die ihm diesen Spitznamen gegeben hatten, sondern die Bosse selbst, denen die Zeitungen gehörten. Der vermeintliche Ehrentitel war eine unmissverständliche Drohung. Bald nannte ihn jeder nur noch Falcone, nach dem sizilianischen Volkshelden, der im großen Prozess von Palermo Hunderte Schuldsprüche gefällt hatte, bevor Totò Riina ihn in seinem Fiat Croma zusammen mit seiner Frau und drei Leibwächtern in die Luft sprengte.

Elio erschrak, weil er im Nachdenken über die Gründe für Falcones verändertes Verhalten kurz eingeschlafen war. Er konzentrierte sich wieder auf das Buch, das ihm helfen sollte, so lange wach zu bleiben, bis Svens Schnarchen laut genug war. Das Buch war ein Geschenk von Sven. Es war auf Deutsch, und Elio entzifferte Seite um Seite mithilfe eines Wörterbuchs, das Falcone ihm gebracht hatte. Es handelte von einem Typen, der Escher hieß wie irgendein anderer Typ, der ebenfalls Escher hieß. Escher wartete schon den halben Tag auf den Elektriker. Bei seinem Versuch, in der Firma nachzufragen, war Escher nur in die Warteschleife geraten. Während er der Warteschleifenmusik zuhörte und sich mit der Möglichkeit anfreundete, so für den Rest seines Lebens zu sitzen, läutete es endlich an der Tür.

»Elektro Janko«, sagte ein Mann mit Schirmkappe in die Sprechanlage.

Wegen der Kappe konnte Escher im Kamerabild nicht viel von seinem Gesicht sehen. Er sperrte die Wohnungstür auf und wartete auf den Besucher. Obwohl es einen Lift gab, hörte er ihn die Treppe heraufstapfen. Als er mit gesenktem Kopf die letzten Stufen erreichte, sah Escher, dass in die blaue Kappe der zweizeilige Schriftzug »Elektro Janko« rot eingestickt war. Durch die Zweizeiligkeit hatte man die graphische Möglichkeit genutzt, die gleichlautenden Endbuchstaben von »Elektro« und »Janko« zu einem einzigen, sich über beide Zeilen erstreckenden »O« zusammenzufassen. In diesem großen Kreis hatte man überdies ein Blitzsymbol untergebracht, wodurch der malträtierte Buchstabe komplett vom Bild aufgesogen wurde und das menschliche Auge nur noch imstande war, »Elektr Jank« zu lesen.

Vielleicht war es diese verunglückte Kappenstickerei, die das Gesicht darunter so besonders ausgewogen erscheinen ließ. Der kurze, dunkle Vollbart, der ein auffällig blasses Gesicht einrahmte, und die ausgesprochen schönen, dunklen Augen, die Escher ernst anblickten, ließen ihn an die Gesichter der Hirten und Heiligen auf einigen Gemälden denken, die er als Puzzle besaß. Auf eine zurückhaltende und doch selbstbewusste Art sagte der Besucher: »Grüß Gott. Elektro Janko. Ich bin wegen der Steckdose da.«

Ohne lang zu fragen, ob er die Schuhe ausziehen solle, tat er es einfach und folgte Escher in die Küche. Kurz ließ er sich seine Aufgabe erklären. Die Steckdose über der Küchenplatte hatte einen Wackelkontakt. Im Lauf der Zeit war die Keramikfassung in mehrere Teile zerbrochen und schließlich ganz zerbröselt. Schon seit Jahren lebte Escher mit diesem gefährlich aussehenden Provisorium und hatte zunehmend ein flaues

Gefühl, wenn er den Stecker herauszog. Das war nämlich das Problem. Mehrmals am Tag musste er den Wasserkocher und die Kaffeemaschine umstecken, weil es nur die Einzelsteckdose gab. Doch erst, als auch noch ein nervender Wackelkontakt dazugekommen war, hatte er endlich den Elektriker bestellt.

»Ist das eigentlich gefährlich, oder schaut es nur so kriminell aus?«, fragte Escher.

Der Elektriker hob als Antwort nur die Augenbrauen etwas an. Escher glaubte, eine gewisse Geringschätzung in der wortlosen Antwort zu spüren, als würde sich bei einem Kunden mit so einer Steckdose jede Erklärung erübrigen. Er wusste aber auch, dass er zu sehr dazu neigte, sich verachtet zu fühlen, eine alte Krankheit, für die er sich selbst verachtete. Deshalb nahm er den Elektriker vor sich in Schutz. Der war eben ein introvertierter Typ. Bodenständig. Redete nicht viel, machte aber alles ordentlich. Auch seine Bewegungen, mit denen er die Werkzeugtasche öffnete, hatten eine elegante, schnörkellose Art. Der Mann war Escher sympathisch. Schwätzer hatte er noch nie leiden können.

Dabei ging die Wortkargheit nicht notwendigerweise mit der Profession des Handwerkers einher, wie Escher erst unlängst hatte erfahren müssen. Der fette Mann vom Thermenservice hatte ihn mit privaten Geschichten behelligt. Frau! Geliebte! Hahahaha! Hinterher hatte der vom Plaudern verausgabte Volksredner vergessen, den aus der Therme geschabten Schmutz mitzunehmen. Escher musste den im Eimer hinterlassenen Ruß selbst in den Müllraum bringen. Der Elektriker war ein anderes Kaliber. Er strahlte eine stille Kompetenz aus. Sein Alter war schwer zu schätzen. Er war jünger als Escher, aber doch schon jemand, der einiges auf dem Buckel haben konnte.

»Wahrscheinlich hat Ihnen das die Kollegin, mit der ich telefoniert habe, schon gesagt«, unterbrach er das Schweigen des Elektrikers. »Ich brauche nicht nur eine neue Steckdose. Ich brauche hier drei Steckdosen statt einer.«

Der Elektriker nickte und fragte Escher, wo sich der Sicherungskasten befinde, deutete aber gleichzeitig schon Richtung Vorraum. Natürlich wusste er aus Erfahrung, wo der Sicherungskasten normalerweise war. Vermutlich hatte er ihn schon beim Hereingehen gleich neben der Tür, oberhalb der die Sprechanlage verdeckenden Jacken wahrgenommen. Escher überlegte, warum er wohl trotzdem danach fragte. Vielleicht war es eine Art Höflichkeit, und es erschien ihm zu besitzergreifend, wenn er sich in der Wohnung sofort zurechtfand. Schließlich war er hier nicht zu Hause. Nachdem der Elektriker die Sicherung im Vorraum herausgedrückt hatte, entfernte er die Reste der alten Steckdose und erklärte seinem Kunden, dass man eine Dreiersteckdose hier nur über Putz montieren könne.

»Schön schaut das nicht aus«, sagte der Elektriker. »Aber sonst müssten Sie stemmen lassen.«

»Mich stört das nicht«, sagte Escher. »Mich stört nur jetzt der Wackelkontakt. Und dass ich immer umstecken muss. Entweder ist der Wasserkocher eingesteckt oder die Espressomaschine. Man braucht immer das andere, das gerade nicht eingesteckt ist. Und einen Toaster hab ich ja auch noch.«

Der Elektriker nickte und begann seine Arbeit.

Um ihn in Ruhe arbeiten zu lassen, ging Escher in das Wohnzimmer, ließ aber die Tür zur Küche offen. Auf dem Boden lag Katsushika Hokusais *Große Welle.* Dieses Bild machte ihn aggressiv. Er hatte sogar einmal das Buch *Waves. A very short introduction* auf Englisch studiert. Seither verstand er viel von Wellen, aber immer noch nichts von dem Bild. Die Frustration, dass er es nie begreifen konnte, weil es aus einer anderen Welt stammte, wandte sich in Escher gegen das Bild selbst. Während er die *Welle* in die Schachtel zurückräumte, hörte er aus dem Nebenzimmer, dass der Elektriker einen Anruf bekam. Das Handy läutete aber nicht, sondern eine als Klingelton heruntergeladene Musik ertönte. Bevor Escher den Song erkennen konnte, hatte der Elektriker das Gespräch schon angenommen. Er sagte nur: »Ja, okay, passt. Verstehe. Bis nachher.«

Dann war es wieder still. Escher legte sich auf sein Sofa und las an der Stelle weiter, wo das Auftauchen des Elektrikers ihn unterbrochen hatte.

Um Mitternacht dachte Elio, dass es jetzt nur noch drei Tage bis zu seiner Entlassung waren. Sven schlief tief, aber noch nicht tief genug. Kurz nach zwei, als Elio endlich dem Schlaf nachgeben wollte, hörte er Schritte auf dem Gefängnisgang. Er erstarrte, als hätte er das Scheintodmedikament geschluckt, für das der Untersuchungsrichter sich besonders interessiert hatte, weil der Boss der Bosse damit aus dem sichersten aller Gefängnisse entkommen war. Das Aufsperren der Eisentür war so laut, dass Svens seelenruhiges Weiterschnarchen vollkommen unglaubwürdig wirkte. Elios rechte Hand krampfte sich um den an die Rasierklinge geschmolzenen Zahnbürstengriff. Ein einzelner Mann, dessen Gesicht in einem Vollvisierhelm versteckt war, betrat die Zelle.

Der Junkie schnarchte.

Elio versuchte, sich schlafend zu stellen, war aber zu gelähmt, um einen einzigen tiefen Atemzug zu schaffen.

Der nächtliche Besucher kam langsam näher und blieb vor

seiner Pritsche stehen. Sein weißer Astronautenkopf beugte sich in der Dunkelheit über Elios Gesicht.

»Wach auf, Elio«, flüsterte der Helm. »Ich bin's.«

Elio fuhr zusammen. Diese Stimme erkannte er beim ersten Wort. Was machte der Untersuchungsrichter mitten in der Nacht in seiner Zelle?

»Falcone?« In einer normalen Situation hätte Elio niemals gewagt, den Untersuchungsrichter Falcone zu nennen. »Was machen Sie denn hier?«

Falcone hatte sich schon vor einer Woche von ihm verabschiedet und ihm den Tag genannt, an dem er entlassen würde, um sein neues Leben unter einem anderen Namen zu beginnen. Was Elio nicht wissen konnte – auch dieser falsche Entlassungstermin war Teil der Sicherheitsmaßnahmen für den Kronzeugen. Genauso wie Elios Selbstmord, den die Wachleute schon in dieser Nacht gemeldet hatten.

Unter dem Arm hielt Falcone einen zweiten Vollvisierhelm.

»Setz den hier auf.«

Falcone hatte den wenigen Eingeweihten gegenüber darauf bestanden, dass er selbst den kleinen Elio, der ihm im Lauf der Monate und Jahre ans Herz gewachsen war, mit dem Motorrad zum Bahnhof in Lamezia bringen würde. Keine einzige Person sollte Mitwisser über den genauen Zeitpunkt sein. Falcone wusste, dass er den Zeugen nur auf diese Weise lebend aus dem Gefängnis bringen konnte.

Mit dem Helm in der Hand folgte Elio dem Untersuchungsrichter aus der Zelle und aus dem Gefängnistor. Vor dem Tor wartete Falcones orange Laverda 750. Erst als er die Straße unter seinen Schuhen und die Nachtluft auf seiner Haut spürte, konnte er glauben, dass es kein Traum war.

»Wohin fahren wir?«, fragte er den Untersuchungsrichter und setzte den Helm auf.

»Zuerst zum Friedhof«, sagte Falcone, ohne sich nach Elio umzudrehen, der sich hinter ihn auf die Maschine setzte. Er trat den Motor an. Elio wunderte sich, dass die Laverda nicht in die Luft ging. Niemand hatte einen Sprengsatz versteckt, und der Motor schnurrte gutmütig. Obwohl der Richter sanft und routiniert losfuhr und es mit der Geschwindigkeit nicht übertrieb, hielt Elio sich ängstlich fest. Nach den Jahren im Gefängnis wäre ihm schon die Geschwindigkeit einer Vespa zu viel gewesen.

Auf dem Friedhof gingen sie zu einem kleinen Grab. Falcone beleuchtete den Weg mit seiner Taschenlampe und lenkte schließlich das Licht auf die Inschrift des Grabsteins:

Elio Russo 2.5.1981–11.6.2002

»Heute ist der 11.6.2002«, sagte Elio.

Falcone nickte. »Du hast dich umgebracht«, sagte er.

»Auf welche Weise?«

»Geht dich nichts an. Privatsache.«

»Aber meine Privatsache.«

»Nein, du bist Marko Steiner.«

Es fiel Elio nicht leicht, sich von seinem Namen zu verabschieden. Seine Großmutter hatte immer gesagt, er heiße Elio nach dem Sonnengott Helios, weil die Sonne niemals untergeht. Und obwohl die Sonne jeden Abend unterging, gefiel ihm diese Geschichte. Als Falcone die Taschenlampe ausschaltete, konnte man den Namen immer noch im Mondlicht lesen. Auch die Sterne schienen während der drei Jahre im Gefängnis größer geworden zu sein. Es war die Stunde vor der Morgendämmerung, in der die Hitze des Tages ein wenig nachließ. Elio war tot, und Marko Steiner lebte.

Ein paar Momente blieben die beiden behelmten Friedhofsgeister noch vor dem Grab stehen und starrten die Inschrift an. Dann bekreuzigten sie sich und stiegen wieder auf das Motorrad. Langsam gewöhnte Elio sich an die Geschwindigkeit. Er versuchte, in der Dunkelheit die vorbeiziehenden Steindörfer zu erahnen. Es war das letzte Mal, dass er durch diese Landschaft fuhr, die er bisher kaum verlassen hatte.

Am Bahnhof von Lamezia überreichte der Richter dem Kronzeugen das Kuvert mit seinen neuen Papieren.

»Eineinhalb Jahre jünger bist du jetzt auch. So hast du die Hälfte deiner Knastzeit schon wieder hereingebracht«, lachte der Untersuchungsrichter.

Marko nahm seinen Helm ab und gab ihn dem Untersuchungsrichter zurück.

»Ich wünsch dir alles Gute«, sagte Falcone. »Jetzt fängt dein neues Leben an. Du bist ein guter Junge.«

Kurz umarmte er seinen besten Zeugen, dessen Frisur vom Helm zerdrückt war wie das Fell eines neugeborenen Kalbes. Dann fuhr er laut knatternd davon.

Auch die Zugtickets waren in dem Kuvert. Der Zug sollte um 5:55 Uhr losfahren, stand aber um 6:15 Uhr immer noch da. Marko Steiner wartete darauf, dass jemand einsteigen und ihn erschießen würde. Um 6:30 Uhr stand der Zug immer noch im Bahnhof. Marko horchte auf die Schritte und Stimmen vom Bahnsteig und das Türenschlagen aus den anderen Waggons. Von hinten näherten sich eilige Schritte. Der Bursche ging aber, ohne ihn zu beachten, an ihm vorbei. Um 6:40 Uhr hatte ihn immer noch keiner erschossen. Schließlich sagte eine plärrende Lautsprecherstimme etwas Unverständliches durch, und kurz darauf fuhr der Zug mit einem Ruck los.

Kaum, dass er sich etwas entspannt hatte, kam der Schaffner in den Waggon, und Marko nahm das Ticket aus Falcones Kuvert.

»Sind Sie Marko Steiner?«

Marko wurde es siedend heiß, als der fremde Schaffner, der ein fast violettes Feuermal unter seinem linken Auge hatte, seinen neuen Namen aussprach.

»Warum?«, fragte er zurück.

»Das Billett ist auf diesen Namen ausgestellt.«

»Ja, natürlich«, antwortete Marko erleichtert.

»Sie dürfen hier nicht sitzen, Herr Steiner! Sie sitzen in der ersten Klasse!«

»Das hab ich übersehen.«

»Übersehen? Sie müssen sich in die zweite Klasse setzen!«

Marko nahm seinen Rucksack und setzte sich in einen fast leeren Waggon der zweiten Klasse. Er schlief kurz ein und wurde von einem Kaffeeverkäufer geweckt, der ihn mit kalten Schlangenaugen anstarrte. Im ersten Moment hielt Elio ihn für Fausto Grigoletto, bis ihm einfiel, dass Fausto wegen Elios Aussage lebenslang im Gefängnis saß. Fausto hatte zwei Brüder, die sich der Verhaftung entzogen hatten. Der Kaffeeverkäufer erschoss ihn aber nicht, sondern freute sich, dass der Passagier ihm einen *Doppio* abkaufte. Da Elio nicht wusste, wie er seine Gedanken in den Griff bekommen sollte, holte er Svens Buch aus dem Rucksack und versuchte, ein bisschen zu lesen.

Vom Wohnzimmer aus belauschte Escher die Arbeitsgeräusche des Elektrikers. Er überlegte, ob er sich höflichkeitshalber kurz bei ihm blicken lassen sollte. Bevor er dazu kam, läutete aber jemand an der Tür. Er ging zur Sprechanlage, und obwohl auf dem Bildschirm niemand zu sehen war, rief Escher: »Hallo?«

Wahrscheinlich war es ein Paketbote oder Zettelverteiler, der überall geklingelt hatte und inzwischen längst im Haus war.

»Hallo?«, rief Escher noch einmal und blickte in das leere Kamerabild, das einen bizarren Ausschnitt der Straße zeigte. Er fragte sich, ob er die Klingel stumm schalten sollte, damit es zu keinen weiteren Störungen kommen konnte.

Manchmal drückte Escher diese friedenstiftende *Mute*-Taste versehentlich, wenn er eigentlich die Tür öffnen wollte. Statt auf den blauen Türöffner steuerte dann sein Finger auf den darunterliegenden weißen Knopf und stellte die Klingel ab. Wegen des ausbleibenden Surrens und des aufleuchtenden roten Kontrolllichts der *Mute*-Taste fiel ihm der Fehler meistens gleich auf. Diese Fehlleistung lag aber nicht nur an seinem Wunsch, in Ruhe gelassen zu werden, sondern auch an der mangelhaften Farbsymbolik der Schalter. Die ganze Sprechanlage war weiß, nur der Türöffner war blau. Eigentlich war es also sehr einfach, den richtigen Knopf zu drücken. Der Designer der Anlage hatte wohl gedacht: deppensicher. Dieser unbekannte Designer war Eschers persönlicher Feind. Da das gesamte Kästchen weiß war, stellte der blaue Druckknopf, mit dem man die Tür öffnete, eine ins Auge stechende Ausnahme dar. Diese Klarheit wurde aber durch eine zweite Besonderheit neutralisiert. Das Aufleuchten des roten Lichtpunkts bei Aktivierung der weißen Stummtaste war ein noch stärkeres Signal als die blaue Farbe des Türöffners. Diese doppelte Ausnahme (blaue Türöffnungstaste, rot flammender Lichtpunkt neben der Stummtaste) führte dazu, dass man die Farbsymbolik erst recht verwechselte. Oft war man ja gerade an der Sprechanlage in einer an Panik grenzenden Eile. Damit der Bote nicht davonlief, musste man zur Sprechanlage rennen und die Angst unterdrücken, es könnte eine unangenehme Überraschung an der Haustüre auf einen warten. In so einer Situation konnten blaue und rote Punkte in der geistigen Verkabelung die Kontakte tauschen, und man drückte in der Eile die Stummtaste, statt die Tür zu öffnen.

Jetzt aber wäre es ein Fehler gewesen, die Klingel abzustellen. Womöglich musste der Elektriker zwischendurch etwas aus seinem Wagen holen, bei der Rückkehr würde er läuten, und Escher ihn nicht hören. Als er den Hörer einhängte, fiel sein Blick auf den offenen Sicherungskasten oberhalb der Sprechanlage. Von den vielen schwarzen Sicherungsschaltern tanzten zwei aus der Reihe – statt oben, waren sie unten. Mit einem *klack* hatte der Elektriker sie nach unten geknipst und so den Stromfluss unterbrochen.

Vielleicht war Escher in Gedanken noch bei den zwei Druckknöpfen der Sprechanlage. Vielleicht lag es auch nur an einem allgemeinen Ordnungsbedürfnis, oder an einer Unruhe seiner Finger, deren Bereitschaft, den Türöffner zu drücken, nicht zum Einsatz gekommen war. Oder sein an 1000 Puzzlestücke gewöhntes Hirn legte nach den nur 500 Teilen von Hokusais *Großer Welle* einen Übersprung hin. Vielleicht war es auch eine Mischung aus all diesen Faktoren, die Escher in diesem Moment bewog, gedankenlos die beiden Sicherungen hinaufzuschieben.

Im selben Moment hörte er ein leichtes Klacken in der Küche. Dieses lakonische Geräusch erzeugte der auf die Arbeitsplatte fallende Schraubenzieher. Das laute Rumpeln drang nicht sofort an Eschers Ohren, sondern mit einer kurzen Verzögerung. So lange brauchte der Körper des Elektrikers, um auf den Boden zu sinken. Ohne die weiße Tür des Sicherungskastens zu schließen, stürmte Escher hinüber und entdeckte den reglosen Körper auf dem Boden.

Obwohl er es mit seinen eigenen Augen gesehen hatte, wie die Sicherung vor dem Rumpeln wieder hinausgesprungen war, ging er vorsichtshalber noch einmal zum Sicherungskasten zurück, um sich zu überzeugen, dass es wirklich so war. Er wollte sich nicht auch selbst noch einen Schlag holen. Erst dann wandte er sich dem still daliegenden Elektriker zu. Die Kappe lag neben seinem Kopf. Die Augen starrten leblos aus dem schönen Gesicht. Escher fiel jetzt auch ein, an wen dieses Gesicht ihn erinnerte. Nicht an einen Hirten oder Heiligen, wie er zuerst gedacht hatte, sondern an das *Porträt eines Mannes,* das von dem Künstler Parmigianino gemalt und von Escher schon oft zusammengesetzt worden war.

Seine Wiederbelebungsversuche fielen etwas halbherzig aus. Er war noch nie der Typ gewesen, der glaubte, Tote aufwecken zu können. Der kurze Vollbart, dessen Mund nicht mehr atmete, kam ihm jetzt wie aufgeklebt vor. Escher erinnerte sich an den Erstehilfekurs, den er bei der Führerscheinprüfung absolviert hatte. Davon war ihm hauptsächlich die Warnung hängengeblieben, dass man bei der Herzmassage aufpassen musste, dem Patienten nicht das Brustbein zu brechen und ihm so den Rest zu geben. Außerdem war er überzeugt, dass der Elektriker schon tot war. Dem Toten auch noch das Brustbein zu brechen, erschien ihm als grausamere Tat als die Tötung des Lebenden, die er ja unabsichtlich und (vom leichten Widerstand der Sicherungsschalter abgesehen) unspürbar aus der Ferne vollzogen hatte.

Bald ließ er den Elektrikerkörper in Frieden und überlegte seine nächsten Schritte. Wen sollte er anrufen? Den Notarzt? Die Polizei? Elektro Janko? Und sollte er erzählen, wie es sich zugetragen hatte? Oder sollte er sich dumm stellen, damit die Schuld automatisch auf den Elektriker selbst fiel? War es denkbar, dass ein professioneller Elektriker vergaß, die Sicherung herauszudrücken? Es war schwer vorstellbar, aber angesichts der Tatsachen wohl auch kaum zu leugnen. Niemand würde ihn seiner unerklärlichen Schandtat verdächtigen.

Es widerstrebte ihm aber auch, dem Elektriker die Schuld an seinem Tod in die Schuhe zu schieben. Vielleicht hatte es versicherungstechnische Nachteile für seine Witwe. Der Ehering am Finger des Toten war nicht zu übersehen. Escher überlegte, welche Konsequenzen es für ihn haben konnte, wenn er bei der Wahrheit blieb. Womöglich würde man ihn in die Psychiatrie stecken. Dass er nicht hundertprozentig sicher war, ob der Elektriker ihm nicht zugerufen hatte, er solle die Sicherung kurz hineindrücken, würde man erst recht gegen ihn verwenden.

Er sah nicht ein, warum er sich wegen eines tragischen Versehens dieser staatlichen Maschinerie ausliefern sollte. Es wäre eine brutale Strafe für etwas, das er nicht absichtlich getan hatte. Und den Elektriker machte es auch nicht mehr lebendig.

Ein plötzliches Zucken riss ihn aus diesen Überlegungen. Wie ein Defibrillator mit Ladehemmung vibrierte das Handy kurz in der Brusttasche der blauen Arbeitsjacke, auf die ebenfalls der Name »Elektr Jank« gestickt war. Da kein Klingelton folgte, vermutete Escher, dass nur eine Textnachricht gekommen war. Sie weckte zwar den Toten nicht, gab aber Escher den

Impuls aufzustehen. Als hätte er stundenlang auf dem Boden um das Überleben des Elektrikers gekämpft, wurde ihm kurz schwarz vor Augen. Er stützte sich am Fensterbrett auf und schaute eine Weile aus dem Küchenfenster.

Sein Vater hatte ihm eingetrichtert, in schwierigen Situationen niemals eine überstürzte Entscheidung zu treffen. Bis zehn zählen, bis hundert zählen, bis tausend zählen. Auf den nächsten Morgen warten. Je schwieriger eine Situation, umso wichtiger war das Warten. Jedes Unglück vergrößerte sich durch voreilige Entschlüsse und unbedachte Entscheidungen.

Escher war froh, dass er sich jetzt an den Rat erinnerte. Um in Ruhe nachdenken zu können, stellte er die Klingel ab und ging ins Wohnzimmer hinüber. Sein Blick blieb an dem Buch hängen, das aufgeschlagen auf dem Sofa lag. Escher machte aus Prinzip keine Eselsohren in Bücher, Zettel zum Einlegen waren aber nicht immer zur Hand. Meistens legte er die Bücher einfach auf die aufgeschlagene Seite, was dazu führte, dass seine Bücher mit der Zeit immer stärker aufschnabelten. Vielleicht war das eben erlebte Unglück der Grund für das schlechte Gewissen, das er zum ersten Mal im Leben für diese Achtlosigkeit empfand.

Eigentlich war diese Gewohnheit eine Schande, wenn man bedachte, dass Escher in seiner Jugend selbst ein Buch veröffentlicht hatte. Sein Studentenjob als Trauerredner hatte ihm so viele bizarre Erlebnisse beschert, dass er sie zur Verarbeitung in ein Tagebuch schrieb. Er konnte sich nicht mehr erinnern, was ihn bewog, das Ganze als Roman zu bezeichnen und unter dem Titel »Eine traurige Angelegenheit« an einen Verlag zu schicken, der das Buch zu seiner Überraschung herausbrachte. Trotz des niederschmetternden Misserfolges war Escher ein begeisterter Leser geblieben, hatte sich aber von der Literatur ab- und der Mafia zugewandt.

Um sich zu beruhigen, nahm er den Mafiaroman in die Hand und suchte die Zeile, wo ihn das fatale Klingeln des unbekannten Boten unterbrochen hatte. Die erste Nacht in seinem neuen Leben verschlief Marko Steiner in Rom. Statt seine neue Freiheit zu genießen, fiel er im erstbesten Bahnhofshotel in einen tiefen Schlaf. Die vielen fast schlaflosen Gefängnisnächte saßen ihm in den Knochen. Auch die Angst, in letzter Sekunde doch noch erschossen zu werden, begleitete ihn, bis er die Tür seines Hotelzimmers verriegelt und mit einem unter die altmodische Türschnalle geklemmten Stuhl gesichert hatte. Sogar den Hotelportier, für den Marko Steiner nur ein dahergelaufener Passant von der Straße war, hatte er misstrauisch dabei beobachtet, wie er seinen Pass kopierte.

Direkt neben seinem Zimmerfenster leuchtete der Buchstabe L des Schriftzuges HOTEL. Als Marko Steiner dreizehn Stunden später erwachte, war der Buchstabe L erloschen. Er machte sich auf den Weg zum Bahnhof, trank dort einen *Doppio* und stieg in den Zug nach Milano. Ihm war noch immer ein bisschen schlecht, weil er sich am Abend auf dem Weg ins Hotel überfressen hatte. Er fragte sich, warum er ausgerechnet ein Schnitzel bestellt hatte. Vielleicht aus übertriebener Anpassung an seine zukünftigen Landsleute oder aus Gefängnissentimentalität, weil Sven seine Landsleute abwechselnd als *Schnitzelfresser* und als *Schnitzelfressen* bezeichnet hatte. Er hatte lange gebraucht, um den Unterschied zu begreifen. In sein Vokabelheft hatte er auch den von Sven häufig gebrauchten Ausruf »meine Fresse!« eingetragen sowie »Fresse halten!« und »Diese Sackfresse!«.

Sein eigenes Gesicht war der Grund, dass er in der Schweiz einen längeren Zwischenstopp eingeplant hatte, als für den Besuch der Bank nötig gewesen wäre. Obwohl er in Milano den Anschlusszug nach Lugano verpasste, kam er mit dem nächsten Zug noch rechtzeitig an, um das Geld aus dem Bankdepot zu holen und den vereinbarten Termin bei dem Chirurgen wahrzunehmen.

Der Arzt begrüßte ihn nur kurz in einem seltsamen Italienisch und schaute verwundert, als Marko auf Deutsch antwortete: »Ich möchte eine neue Fresse.«

Das Stirnrunzeln, mit dem der Arzt auf Markos ersten deutschen Satz in Freiheit reagierte, zeigte sich wegen der Botoxbehandlung nicht auf der Stirn, sondern rund um die Augen. Marko fragte sich, ob man es in diesem Teil der Schweiz nicht gern hörte, wenn jemand Deutsch sprach, oder ob es an seiner Aussprache lag. Als hätte Marko nichts gesagt, blieb der Arzt bei seinem Italienisch und erklärte ihm, dass seine Assistentin das erste Beratungsgespräch mit Marko führen werde. Zu Markos Überraschung sollte er nicht gleich operiert werden. Es war erst ein Vorbereitungstermin, bei dem der Patient Steiner sich die gewünschte Nasenform aussuchen sollte.

Dann verschwand der Arzt in einem Behandlungszimmer, und Marko musste mit der Assistentin einen Katalog voller Nasen durchblättern.

»Nase ohne Kurve«, rang Marko sich den zweiten deutschen Satz seines neuen Lebens ab.

Die Assistentin lächelte.

Dann sprach sie auf Italienisch weiter. Es klang besser als das Italienisch des Chirurgen. Sie erklärte Marko, er müsse damit rechnen, dass es vielleicht keine vollkommen gerade Nase werde. Man müsse immer von der ursprünglichen Form ausgehen, um daraus die beste Möglichkeit für die neue Gestalt abzuleiten.

»Il Suo naso ha una große Kurve«, lächelte die Assistentin, und zeigte ihm im Katalog, welches Modell seiner jetzigen Nasenform entsprach. Dann erklärte sie ihm, dass sich eine völlig gerade Nase in seinem Fall nicht anbot.

»Scheißegal.«

Obwohl er diese Antwort so oft von seinem Sprachlehrer Sven gehört hatte, dass er sie sicher gut aussprach, zuckte die Assistentin zusammen.

»Wir werden sie so gerade wie möglich machen.«

Dabei hatte er wirklich nichts gegen eine leichte Kurve. Er hätte ohnehin lieber die Boxernase behalten, die er von seinem Vater geerbt hatte. Auch seine Mutter hatte keine gerade Nase. Vollkommen gerade Nasen waren Marko suspekt. Sie hatten etwas Überhebliches. Frauen mit ganz geraden Nasen konnte man gleich vergessen. Männer mit geraden Nasen waren lächerlich. Während die Assistentin den Katalog für ihn durchblätterte und die einzelnen Formen erläuterte, fiel ihm ihre Nase auf. Sie hatte eine etwas zu kleine, oder besser gesagt: zu flache Nase. Als würde die Nase eigentlich zu einem anderen Gesicht gehören. Er vermutete, dass es nicht einfach war, eine Nase zu vergrößern. So gesehen hatte er Glück, denn alle Nasen in seiner Familie waren richtige Nasen, die man problemlos verkleinern konnte.

»Wenn Sie sagen, eine möglichst gerade Nase, dann würde ich Modell drei anstreben«, sagte die Assistentin und zeigte mit ihrem strahlend roten Fingernagel auf das Modell drei. »Das ist zwar nicht vollkommen gerade, aber es wirkt natürlicher in Ihrem Gesicht als Modell zwei.«

»Ich will auch neue Augenbrauen«, sagte Marko auf Italienisch.

»Das ist ein eigener Termin«, blockte die Assistentin ab. »Augenbrauen sind eine ganz andere Baustelle als Nase.«

»Kein eigener Termin. Sofort!«, entgegnete Marko, der von Luigi Mancuso gelernt hatte, wie man verhandelt.

»Das müssen Sie mit dem Professor besprechen.«

Jetzt, wo die Assistentin genervt blickte, passte ihr flacher gewordenes Gesicht plötzlich besser zu ihrer Nase.

»Ja«, sagte Marko und sprang auf. »Ich spreche mit ihm. Wo ist er?«

»Er operiert gerade.«

»Gut, ich gehe zu ihm.«

Die Assistentin hielt ihn erschrocken zurück. »Warten Sie bitte hier. Ich frage ihn.«

Sie verschwand im Behandlungszimmer, und kurz darauf kam der Professor und erklärte dem Patienten Steiner dasselbe, was dieser schon von der Assistentin erfahren hatte. Der Professor hatte eine ziemliche Kartoffelnase. Schnitzelfresse mit Kartoffelnase, hätte Sven dazu gesagt. Der Chirurg erklärte Marko, Nase und Augenbrauen seien nicht mit einem einmaligen Eingriff zu machen. Er wolle die Korrektur der Augenbrauen erst vornehmen, wenn die Nase gut abgeheilt sei.

Marko spürte, dass ihm das Blut in den Kopf stieg. In einem normalen Leben würde dieses Gespräch vollkommen anders verlaufen. Wenn er hier mit Luigi Mancuso säße oder mit Antonio Ranieri oder mit Vittorio De Santis, wäre die Sache schnell geregelt. Luigi würde den Doktor an seinem dürren Nacken packen und seine Kartoffelnase so lange auf den Terminkalender drücken, bis er mit geschlossenen Augen einen Operationstermin riechen könnte. *Nase und Augenbrauen, alles in den nächsten fünf Minuten* würde in roter Schrift aus Nasenblut im Kalender stehen. Aber Luigi Mancuso, Antonio Ranieri und Vittorio De Santis waren nicht hier. Sie waren seit Palmsonntag vor zwei Jahren tot.

»Ich zahle bar«, sagte Marko.

»Bar oder nicht«, antwortete der Arzt gereizt. »Die Augenbrauen sind ein eigener Termin!«

Der Doktor begann auf der Stirn zu schwitzen. Das erlebe er hier immer wieder, erklärte er dem ungeduldigen Patienten. Für die Leute klinge Augenbrauenkorrektur harmloser als Nasenkorrektur. Das liege an der bombastischen Form der Nase. Und dass ein Knochen beteiligt sei. Und wer vom Knochen abrutsche, sei schnell bei der Schlagader! Diese harten Tatsachen würden den Menschen immer stärker beeindrucken als die Kunstfertigkeit, die in unsichtbaren Nähten verborgen sei. In einem natürlichen Schwung. Für die Augenbrauen brauche es etwas ganz anderes als für die Nase. Das könne man auf Italienisch nicht so gut sagen wie auf Deutsch. Ob er dieses Wort kenne?

»Fingerspitzengefühl«, sagte der Arzt und hielt dabei die linke Hand mit einander berührenden Fingerspitzen vor sein Gesicht, eine Geste, die in Markos Heimat »Fresse halten!« bedeutete. Der Doktor schien aber etwas völlig anderes zu meinen. Dieses deutsche Wort hatte Marko von Sven nie gehört.

»Fingerspitz-«, wiederholte er.

»-engefühl«, ergänzte der Arzt. »Fingerspitzen!« Dabei hielt er wieder die zusammengelegten Fingerspitzen der linken Hand vor Markos Augen, dann öffnete er die Hand zu einem sternförmig gespreizten Fingerfacher: »Gefühl!«

»Fingerspitzen. Gefühl!«, wiederholte der Patient.

»Fingerspitzengefühl. Suona bene, vero?«, lächelte der Arzt.

»Si. Fingerspitzengefühl.«

Marko zog das Kuvert aus seiner Jackentasche, mit dem er den Arzt überzeugte, dass er auch die Augenbrauen sofort brauchte. Während der Arzt das Geld, ohne es aus dem Kuvert zu nehmen, mit spitzen Fingern zählte, sagte Marko noch einmal: »Fingerspitzengefühl.«

Der Arzt erklärte seiner Assistentin, sie solle einen Kollegen in das Behandlungszimmer mit der halbfertigen Oberlippe schicken, und führte Marko in den zweiten Operationsraum. Als er aufgefordert wurde, von hundert rückwärts zu zählen, versuchte Marko es auf Deutsch, kam aber nicht einmal bis 99.

In den Tagen nach der Operation ging Marko nur nachts auf die Straße. Er wollte abwarten, bis alles gut verheilt war. Untertags blieb er in seinem Hotelzimmer, lernte Deutsch und las in seinem Buch.

Bevor Escher den Anruf machte, ging er noch einmal zu dem Toten hinüber. Wie ein Kind hielt er es für möglich, dass das Problem sich von selbst lösen würde. Dass der Elektriker einfach wieder zu leben anfing. Dann kniete er sich doch noch einmal neben den Toten und begann wieder mit der Herzmassage. Jetzt, wo es zu spät war, strengte er sich umso mehr an. Ganz sicher konnte man ja nie sein. Er wusste nicht, was er sich wünschen sollte. Wäre der Elektriker nicht tot, hätte er all diese wertvollen Minuten verstreichen lassen und wäre womöglich schuld an bleibenden Schäden.

Doch auch nach minutenlangem Pumpen ließ sich an der Halsschlagader kein Puls fühlen. Escher fand es beschämend, dass so etwas Geistloses wie ein Pulsschlag den Unterschied zwischen Leben und Tod bedeuten sollte. Ein mechanischer Indikator ohne jeden Inhalt. Dass man so schnell und ohne es zu bemerken tot sein konnte, war unbegreiflich. Es empörte ihn so sehr, dass er noch einen Versuch machte. Er gab alles, um den Elektriker ins Leben zurückzuholen. Bis zur Erschöpfung kämpfte er um das Leben dieser starren Puppe. Als er endlich aufgab, legte er sich schwitzend und schnaufend neben den Toten. Er war so außer Atem, dass ihm auffiel, wie dramatisch sein eigener Brustkorb an- und abschwoll. Das war also das Leben. An- und abschwellender Brustkorb. Nur beim Elektriker zeigte sich keinerlei Effekt.

Der landläufigen Meinung, es sei ein schöner Tod, wenn man nichts davon merkte, hatte Escher noch nie etwas abgewinnen können. Vielleicht hätte der Elektriker dieser verbreiteten Ansicht zugestimmt. Dann hätte er wenigstens seinen Wunschtod gehabt. Einen schönen Tod. Einen schnellen Tod ohne Qual und Angst. Escher dagegen hatte immer schon gefunden, dies sei in Wahrheit der beschämendste Tod. Wenn man es nicht einmal bemerkte, dass das Leben zu Ende ging. Wenn man nicht einmal Zeit hatte, ein Resümee zu ziehen.

Seit seinem ersten Flug als Achtzehnjähriger beschäftigte ihn die Frage, wohin er im Fall eines Absturzes seine Gedanken lenken sollte. Er wollte vorbereitet sein, damit er im Notfall noch schnell das Richtige denken könnte. Einen Gedanken, der ihn herausriss, so wie ein Tor in letzter Sekunde eine Fußballmannschaft herausriss und vor dem Untergang bewahrte. Er wollte für diesen Fall, von dem er gleichzeitig hoffte, dass er nie eintreten würde, die richtigen Gedanken parat haben. Tröstliche Gedanken. Abrundende Gedanken. Sinn erzeugende Interpretationen des eigenen Lebens. Liebevolle Erinnerungen an seine Leute. Und wer wären diese Leute? Und was genau würde man denken? Wenn man nur noch eine halbe Minute hätte. Oder meinetwegen zwei, drei Minuten. Man möchte sie nutzen für gute Gedanken. Keine Verschwendung an sinnlose Nebengedanken. Eine Revue der guten Momente und der positiven Emotionen, die durch deren Verdichtung seinem Leben in letzter Sekunde den allerbesten Moment hinzufügte: ein zusammenfassendes Verständnis, mit dem man sein geführtes Leben gelten lassen konnte.

Das wäre doch mit Sicherheit der bessere Tod, als so überrascht zu werden. Und noch besser wäre es, die für den Notfall aufgesparten Einsichten schon vorher zu beherzigen. Man könnte doch schon seinen normalen Alltag von ihnen bestimmen lassen. Von einem milden Urteil und einem Verständnis für die eigene Existenz, das einem ermöglichte, auch ohne Flugzeugabsturz und Krankheit anständig durch das Leben zu segeln.

In seinem vor einer Ewigkeit veröffentlichten Roman *Eine traurige Angelegenheit* hatte er der Hauptfigur diese Überlegungen zugeschrieben. Bei der Kritik war er damit nicht gut angekommen. Der Protagonist sei mit Fragen zum Sinn des Lebens beschäftigt, die schon in den Tagebüchern von Zwölfjährigen schwer zu ertragen seien, hatte eine Kritikerin angemerkt. Ein anderer hatte genüsslich resümiert, es sei zwar nach den Gesetzen der Logik nicht erlaubt, eine Aussage auf sich selbst anzuwenden, doch die völlige Unschlüssigkeit des Romans erlaube hier wohl eine Ausnahme. Der Roman sei tatsächlich »eine traurige Angelegenheit«.

Als sich Eschers Atem wieder beruhigt und sein Puls sich einigermaßen normalisiert hatte, wählte er die Notrufnummer.

Er wusste, dass es umsonst war, wollte aber, dass alles so schnell wie möglich seinen geregelten Gang ging und man ihm keine Vorwürfe machen konnte. Die knappen Fragen am Telefon hatten etwas Aggressives, und Escher sagte einfach zu allem ja und noch einmal ja und erklärte sich auch einverstanden, die lebenserhaltenden Maßnahmen fortzusetzen. Vorsichtshalber hatte er dem Mann am Telefon nicht auf die Nase gebunden, dass der Elektriker schon seit einer halben Stunde leblos am Boden lag. Dann setzte er sich an den Küchentisch und wartete auf den Notarzt.

Gemessen an der Kommandostimme am Telefon, die dem Anrufer signalisierte, dass hier keine Sekunden verschenkt wurden, kam Escher die Wartezeit auf die Rettung überraschend lang vor. Zum zweiten Mal an diesem Vormittag wartete er ungeduldig darauf, dass es endlich klingelte. Vielleicht haben sie meiner Schilderung doch angemerkt, dass es zu spät ist, überlegte er, und dringlichere Notfälle wurden vorgereiht. Obwohl er selbst ohne jede Hoffnung für den Elektriker war, wuchs seine Empörung mit jeder Minute des Wartens. So weit war es mit seinem Land gekommen, dass einen die Rettung warten ließ! Die Anspannung, die er mit den erschöpfenden Wiederbelebungsübungen verringert hatte, kehrte zurück. Um nicht die Nerven zu verlieren, verließ er die Küche und ging in das Wohnzimmer hinüber, wo er sich zwang, ein paar Zeilen zu lesen.

Marko Steiner hatte die Operation gut überstanden. Mit dem für seine Familie typischen Nasenhöcker war die Verbindung zu seinen Leuten endgültig gekappt. Die Nase war gerader, als er erhofft hatte. Die Augenbrauen gaben ihm einen leicht erstaunten Gesichtsausdruck. Als begreife er erst jetzt, worauf er sich eingelassen hat. Oder als würde er sich immer noch wundern, dass ihm die Schweizer Bank sein Geld tatsächlich ausgezahlt hat.

Er fragte sich, ob Falcone wirklich nichts von diesem Geld wusste, oder ob er sich nur dumm gestellt hat. Schließlich haben sie ihm noch extra Geld mit auf die Reise gegeben. Geld vom Staat! Manchmal hat ihn gewundert, was sie alles wussten, dann wieder hat er gestaunt, was sie nicht wussten. Vielleicht hatten sie auch nur beide Augen zugedrückt, um ihn bei Laune zu halten.

Bis zuletzt hatte er gefürchtet, sie würden ihm den Kronzeugenstatus erst zugestehen, wenn er ihnen das Versteck von Gino, dem Boss der Bosse, verriet. Aber sie hatten ihm seine Geschichte geglaubt. Dass er zwar Gino mit seiner Drohne die Medikamente ins Gefängnis geflogen hatte, mit deren Hilfe er es im Leichenwagen verlassen konnte. Aber dass er nicht wusste, wohin Franco Larini den Leichenwagen steuerte, nachdem er den Fahrer erschossen hat. Der einzige Tote im Leichenwagen war der Fahrer gewesen. Das Gericht gab sich mit Franco Larinis Kopf zufrieden. Elios Schweizer Geld war ihnen egal. Sie wollten nur, dass er seine Leute verpfiff. Dafür erfüllten sie ihm alle Wünsche. Er hatte allerdings keine Wünsche, außer den zu überleben.

Seine Ersparnisse waren ausreichend, um ein Jahr über die Runden zu kommen. Oder drei Monate, wenn er in der Schweiz blieb. Das wäre am bequemsten gewesen. Die Menschen hier sprachen Italienisch. Auch wenn sie einen lächerlichen Akzent hatten. Doch der Richter hatte ihm eindringlich geraten, in eine große Stadt zu reisen. Groß waren Hamburg und Berlin, groß war Köln oder München oder Wien. Möglich war Hannover oder Leipzig oder Dresden.

Er entschied sich für die Stadt, in der Sven aufgewachsen war. Eine Industriestadt im Westen Deutschlands. Es sei zwar eine Scheißstadt, hatte Sven behauptet, aber immer noch besser als die anderen. Nur eines sei in dieser Stadt wichtig. Man schreibt sie mit »ui«, aber man spricht es »ü«. Das hatte der strenge Lehrer Sven ihm regelrecht eingebläut. »Nicht ui, nicht u, sondern ü!«, hatte er mit seiner Junkiestimme immer wieder doziert.

»Ü!«

Alles, was ein »ü« enthielt, verursachte seinem Schüler einen Lippenkrampf.

Um mit dem Zug nach Ü zu gelangen, musste er nach vier Stunden an der Grenze zwischen der Schweiz und Deutschland umsteigen. Er war froh, dass niemand seinen Pass sehen wollte. Obwohl es keine Fälschung war, traute er dem Dokument noch nicht. Auch sonst gab es mit dem Umsteigen keine Probleme. Der Schweizer Zug war in Basel pünktlich angekommen. Nur noch viereinhalb Stunden bis Ü. Sieben Stunden später stieg Marko Steiner in seiner neuen Heimatstadt aus dem Zug.

Nach einer Hotelnacht mietete er eine winzige Wohnung hinter dem Bahnhof und begann, die Stadt zu erkunden. Am dritten Tag entdeckte er an einer Straßenbahnhaltestelle einen Zettel, auf dem stand:

»Deutsch für Anfänger und Fortgeschrittene von professioneller Deutschlehrerin.«

Falcone hatte ihn vor Sprachschulen gewarnt. Dort würden sie zuerst suchen, falls jemand hinter ihm her war. Die private Lehrerin Frauke Schnabel, die hier ihren Unterricht anbot, war genau das Richtige für ihn.

Marko verstand kein einziges der Worte, die aus seinem am Bahnhof erworbenen Nokia-Prepaid-Telefon kamen. Die Frau sprach ein ganz anderes Deutsch als sein Junkie-Lehrer.

»Langsam bitte«, sagte er. »Ich heiße Marko Steiner und brauche Deutsch.«

»Oh, Entschuldigung. Das ist meine alte Krankheit. Ich spreche zu schnell.«

Sie lachte laut in das Telefon wie eine Opernsängerin. »Jetzt spreche ich ganz langsam«, sagte sie ganz langsam.

»Ja danke.«

»Sie suchen Unterricht?«

»Ja. Ich brauche Deutsch.«

»Was ist Ihre Muttersprache?«

»Deutsch«, sagte er.

»Do you speak English?«

»English yes no. Not many. Ich will Deutsch lernen.«

»Sie können schon ein bisschen Deutsch?«

»Ja nicht viele. Ich habe einen deutschen Kumpel. Ich kann verstehen. Ich kann lesen. Aber quatschen issnich.«

»Quatschen issnich!«, lachte die Frau am Telefon.

»Ja.«

»Wo sind Sie jetzt?«

»Ich weiß nicht genau.«

»Kommen Sie in das Café Schirm.«

»Ja – scheißegal.«

»Finden Sie das?«

»Klaro.«

»Café Schirm in der Mercatorstraße. Nicht weit von McDonald's«, erklärte sie vorsichtshalber noch. »Das finden Sie bestimmt.«

»Klaro.«

»14 Uhr?«

»Ist gebongt«, sagte Marko.

»Heute 14 Uhr?«

»Ja, ist gebongt.«

Frauke Schnabel kam pünktlich um 14 Uhr zum Café Schirm. Sie war so alt wie seine Großmutter und so mager wie Donatella, von der es hieß, dass sie ein ganzes Jahr nichts gegessen hat, nachdem die Köpfe ihrer beiden Söhne im Schaufenster des Friseurs aufgetaucht waren. Von den beiden Frauen unterschied sie aber ihr breites Pferdelächeln und ihre blond gefärbten Haare und ihre auffällig geschmacklose Kleidung.

»Sind Sie Marko?«, fragte sie mit einer wahnsinnig lauten Stimme.

»Ja, Marko Steiner«, sagte Marko und gab ihr die Hand.

»Ich bin Frauke«, sagte sie und schüttelte ihm lachend die Hand.

Sie hatte alle Zähne. Keiner aus Gold.

»Sie hätten doch nicht draußen auf mich warten müssen bei der Hitze.«

Ihre Augen waren unnatürlich blau. Wie die Glaskugeln, mit denen sie als Kinder gespielt hatten. Wer es schaffte, seine *biglia* als erste zu versenken, dem gehörten die der anderen. Als Ziel trieb man mit einer Drehbewegung des Schuhabsatzes eine kleine Grube in die Erde. Dann nahm man in fünf Metern Abstand Aufstellung und versuchte, in die Grube zu treffen. Wenn einer alle Kugeln gewonnen hatte, wurde er verprügelt.

Frauke hielt ihm die Tür des Café Schirm auf, und Marko bemerkte, dass ihre Achselhöhlen behaart waren wie bei einem Mann. Er wollte davonlaufen, konnte sich aber ihrem niemals versiegenden Lächeln nicht entziehen und drückte sich, um in das Café zu gelangen, am bedrohlichen Gebüsch unter ihrem Arm vorbei.

»Hier ist es angenehm«, sagte Frauke sehr laut. »Was trinken Sie?«

»Einen Tee«, sagte Marko, denn er wollte einen Espresso, aber er wollte sich nicht mit seiner Aussprache verraten. Und es war nicht möglich, einen Espresso so aus der Kehle zu pressen, wie Sven es getan hatte, wenn er vom ersten Espresso in Freiheit träumte.

Frauke blickte stirnrunzelnd in die Karte: »Es gibt Pfefferminztee, Gute-Laune-Tee, Bergkräuterteemischung, Jasmin, Rooibostee, Earl Grey Tee, Ceylon Tee.«

»Ich nehme guten, lauen Tee.«

Frauke lachte: »Einmal guten, lauen Tee«, sagte sie zum Kellner, der keine Miene verzog. »Und für mich einen Milchkaffee.«

»Verstehen Sie Gute-Laune-Tee?«

»Klaro. Guter Tee, lau. Nicht zu kalt, nicht zu heiß.«

Frauke staunte.

»Woher kennen Sie das Wort lau? Das ist ein Wort für den Fortgeschrittenenkurs.«

»Fertigsuppe mit heißem oder lauwarmem Wasser anrühren«, sagte Marko und entspannte sich.

Erstmals seit er seine neue Identität angetreten hatte, war ihm so spontan eine neue Wahrheit eingefallen. Auf keiner Fertigsuppe der Welt stand, dass man sie mit lauwarmem Wasser anrühren sollte. Aber Svens tägliche Beschwerde über den lauwarmen Gefängnisfraß klang ihm noch in den Ohren. Es war nicht so einfach, alles auf einmal zu vergessen.

»Laune heißt Stimmung«, erklärte Frauke.

»Laune«, wiederholte Marko.

»Wie man sich fühlt. Wenn man sich gut fühlt, hat man gute Laune. Lau-ne. Wenn man den Tee trinkt, bekommt man gute Laune. Angeblich!«

»Gute Laune fürn Arsch«, sagte Marko, »das kommt nicht von Tee.«

»Woher haben Sie denn diese Ausdrücke?«, fragte Frauke vergnügt. »Da krieg ich ja gute Laune von!«

Der Kellner brachte die Getränke, und Frauke sagte zu Marko: »Vorsicht heiß. Ist nicht lau.« Sie lachte über ihren eigenen Witz.

Marko versenkte den Teebeutel in der Tasse und fragte: »Wie viel muss ich dafür abdrücken?«

»Ich lade Sie ein.«

»Ich meine: der Unterricht.«

Frauke lachte sehr laut: »Das ist gut!«

Sie amüsierte sich über ihren Irrtum: »Nein, auf den Unterricht kann ich Sie leider nicht einladen. Wovon soll ich dann leben?«

»Sie haben gute Laune«, sagte Marko.

»Ja, immer. Ich hab immer gute Laune.«

»Von der Tee?«

»Nein, nicht von *dem* Tee«, betonte Frauke ihre Korrektur, als wollte sie es ihrem neuen Schüler ins Hirn gravieren.

»Nicht von *dem* Tee«, wiederholte Marko.

»Oder: *vom* Tee. Wie oft möchten Sie denn Unterricht nehmen?«

»Drei Stunden«, sagte Marko und schmiss seine Hand in die Luft, um mit den Fingern die Zahl 3 zu zeigen.

»Drei Stunden pro Woche«, nickte Frauke. »Das ist gut. Da kann man –«

»Drei Stunden jeden Tag«, sagte Marko.

Frauke schaute schockiert. Marko verzog keine Miene.

»Meinen Sie das ernst?«

»Darauf kannste Gift nehmen!«

Frauke schüttelte lachend den Kopf. Ihre gute Laune machte ihm schlechte Laune. Trotzdem trafen sie sich schon am nächsten Tag wieder. Sie saßen drei Stunden im Café Schirm. Am Tag darauf wieder. Und an jedem weiteren Tag. Auch wenn er nicht bei Frauke war, lernte Marko Deutsch.

In dem Buch, das Sven ihm geschenkt hatte, kam er immer besser voran, aber es gab auch noch Sätze, die ihm Schwierigkeiten bereiteten. Als er eine Stelle gar nicht verstand, nahm er das Buch zu Frauke mit und bat sie um Hilfe.

»Was liest du denn da?«, fragte Frauke stirnrunzelnd.

Er schlug das Buch auf und zeigte auf die Stelle.

Frauke las die Zeile und schüttelte den Kopf: »Das ist Dialekt.«

Sie las noch einmal.

»Ich weiß nicht – ich les mal den Absatz von Anfang an. Vielleicht versteh ich's aus dem Zusammenhang.«

Ein Lied riss Escher aus seiner Lektüre. Wieder war es das Handy des Elektrikers, das ihm so laut vorkam, als wäre es der letzte Versuch, den Toten aufzuwecken. Die ewige Wiederholung derselben drei Sekunden ging Escher auf die Nerven. All diese Musikfetzen, die einem in der Öffentlichkeit um die Ohren flogen, widerten ihn an. Am schlimmsten war es in der Straßenbahn oder in der U-Bahn, wo es kaum eine Fluchtmöglichkeit gab. Einmal hatte er erlebt, wie während einer stundenlangen Zugfahrt das im Reisegepäck eines unbekannten Passagiers verborgene Handy den ganzen Waggon verrückt machte. Wenigstens verbreitete das Telefon des Elektrikers nicht das übliche Technogerassel. Im Gegenteil, ausgerechnet ein Lied von Eschers Lieblingssänger ertönte.

»Ruaf mi net o!«, flehte der von Liebeskummer Geplagte eine Verflossene an.

Escher wusste nicht, ob er lachen oder weinen sollte über diese vom Anrufer ausgelöste Aufforderung, nicht anzurufen. Es hatte etwas Unstatthaftes, sich von einem Verunglückten, den er noch vor ein paar Minuten zu reanimieren versucht hatte, zum Lachen bringen zu lassen. Wirklich originell, diese Wahl des Klingeltones, befand Eschers Gehirn gegen seinen Willen. Und der Sänger ließ nicht locker, wieder und wieder jammerte er: »Ruaf mi net o, weil du waaßt doch genau, wo i!« An dieser Stelle wurde er wegen der knappen Aufnahmezeit mitten im Satz unterbrochen und zum Anfang zurückkatapultiert: »Ruaf mi net o, weil du waaßt doch genau, wo i –«

»wohn«, ergänzte Eschers Gehirn gegen seinen Willen, während das Lied schon wieder von vorn begann.

Gern hätte er dem Toten zur Wahl des Klingeltones gratuliert. So einen guten Schmäh hätte er diesem stillen Typen nicht zugetraut. Selbst für einen Lebenden war »Ruaf mi net o!« eine kaum zu überbietende Frechheit gegenüber jedem Anrufer. Von einem Toten bekam der bittere Sarkasmus etwas Haarsträubendes. Und wieder jammerte der Sänger »Ruaf mi net o, weil du waaßt doch genau, wo i –«

»wohn«, ergänzte Eschers Gehirn, während die Klingeltonschleife schon wieder von vorn begann und an derselben Stelle abbrach, um Escher die zwanghafte Ergänzung zu überlassen.

Mit jeder Wiederholung wurde ihm schmerzhafter bewusst, dass der Elektriker nirgendwo mehr wohnte. Escher wartete darauf, dass sich endlich die Sprachbox einschaltete und ihn erlöste, aber offenbar hatte der Elektriker diese abgestellt, wodurch die Wiederholungen kein Ende fanden.

Wahrscheinlich versuchte jemand aus der Firma, den Kollegen zu erreichen, die Chefin von Elektro Janko, mit der Escher ursprünglich telefoniert hatte, und die sich nach dem Fortgang der Arbeit erkundigen wollte. Vermutlich sollte der Elektriker mittlerweile fertig oder schon beim nächsten Haushalt aufgetaucht sein. Endlich verlor die Anruferin die Geduld und der Gesang verstummte.

Der Frieden währte aber nur ein paar Sekunden.

»Ruaf mi net o, weil du waaßt doch genau, wo i –«, ging es nach ein paar Sekunden schon wieder los.

»wohn«. Escher musste irgendwas tun, um diese Gehirnwäsche endlich zu beenden. Am einfachsten wäre es gewesen, das Gespräch anzunehmen. Seine Hand wollte aber das Telefon nicht aus der Tasche des Toten ziehen. Es konnte nicht mehr lange dauern, bis die Rettung endlich auftauchte, dann würde ohnehin alles seiner Wege gehen.

»Ruaf mi net o, weil du waaßt doch genau, wo i –«

»wohn«. Das Handy stumm zu stellen, erschien ihm auch nicht ratsam. Seine Fingerabdrücke auf dem Gerät des Toten könnten ihn in Schwierigkeiten bringen. Es war auf jeden Fall besser, wenn er so wenig wie möglich an der Situation manipulierte. Der Notarzt würde wissen, was zu tun war. Vielleicht verständigte er die Polizei, und die Polizei könnte die Firma verständigen. Der Gedanke an die Polizei war Escher unbehaglich. Genau wie die Vorstellung von sinnlos antanzenden Rettungskräften oder einem überfordert in seiner Wohnung herumschwitzenden Firmenchef. Gottseidank hörte jetzt wenigstens das Telefon auf zu singen. Das bewahrte ihn vor dem Durchdrehen. Auch wenn es jederzeit wieder loslegen konnte.

Damit die Zeit sich nicht in die Unendlichkeit dehnte, zwang er sich, bis zum Auftauchen der Rettung weiterzulesen. Es war Escher aber fast unmöglich, sich auf das Buch zu konzentrieren. Einerseits war er in ständiger Alarmbereitschaft wegen der Polizei, die jeden Moment klingeln konnte, andererseits überschlugen sich seine Gedanken an mögliche Konsequenzen dieses Todesfalles für sein Leben. Er wusste, dass seine Tat kein Mord war. Schlimmstenfalls war es fahrlässige Tötung. Mord war doch nur, wenn man mit voller Absicht und planvoll jemanden tötete. Von einer willentlichen Tötung konnte bei ihm keine Rede sein. Selbst über die Fahrlässigkeit ließ sich diskutieren. Gehörte nicht auch zur Fahrlässigkeit eine Art Entschluss zumindest zur Risikobereitschaft? So wie der Autoraser bewusst zu schnell fährt, auch wenn er niemanden totfahren will? Escher aber hatte versehentlich gehandelt, seine Tat war wesentlich näher an einem Unfall als an einer Fahrlässigkeit. Es war einfach Pech gewesen! Eher mit einem Stolpern zu vergleichen, das einen anderen in den Abgrund reißt. Während der ersten Zeilen war Eschers Gehirn noch mit diesen Gedanken beschäftigt, bevor es ihm gelang, sich in dem Buch zu verlieren.

Vom Lernen seiner neuen Muttersprache und vom Vergessen der alten war Marko Steiners Kopf so schwer, dass er sich Laufschuhe kaufte und anfing, stundenlang joggen zu gehen. Beim Laufen kam man unter Leute, ohne mit ihnen Kontakt aufzunehmen, und die Sprache übte sich von selbst. Man konnte nicht nur die Dinge, an denen man vorbeikam, innerlich bezeichnen und kommentieren, in die Zukunft und in die Vergangenheit versetzen. Man konnte auch Autofahrer, die den Weg kreuzten, mit neuen Schimpfwörtern bezeichnen. Blinder! Schlafmütze! Traumtänzer! Fraukes Schimpfwörter taugten nicht viel. Es war schwer, die Flüche der Kindheit gegen neue zu ersetzen. Zum Glück hatte er noch ein paar von Svens Ausdrücken auf Lager. Svens Vokabular brachte ihm Respekt ein bei den Spackos und Sackfressen, die fuhren wie Mongos.

Dabei war an den meisten Zusammenstößen er selbst schuld. Er war nicht auf den Verkehr konzentriert. Beim Laufen ließ er die Konjunktionen durch sein Gehirn laufen. Er reiste durch die Zeiten. Ich laufe, ich lief, ich werde laufen. Ich war gelaufen. Ich renne, ich rannte, der Schweiß rann. Ich laufe, du läufst. Es läuft. Ich springe. Die Ampel springt. Die Ampel sprang. Auf Rot. Ich werde die Straße überqueren, obwohl. Obwohl die Ampel auf Rot sprang. Es wird kein Bulle in Sicht gewesen sein.

»Das brauchst du nicht«, erklärte ihm Frauke. »Das ist die Vorzukunft, das kann niemand. Vorzukunft und Vorvergangenheit kannst du dir schenken.« Sonst war Frauke streng, aber Vorzukunft wollte sie nicht. Doch richtig allergisch war sie gegen jenes Deutsch, das er von seinem Drogendealer gelernt hatte.

»Das ist ja ein abartiger Slang«, sagte Frauke immer wieder. »Wer hat dir das beigebracht?«

»So spricht die Jugend in der Schweiz.«

Frauke lachte schallend: »So spricht die Jugend in der Schweiz? Ich glaub, so spricht eher die Jugend im Knast.«

Marko Steiner grinste. »Man sagt nicht Knast. Man sagt: Vollzugsanstalt.«

»Gefängnis reicht auch«, sagte Frauke. »Und man sagt nicht unbedingt Fusel, man kann auch Alkohol sagen.«

»Ich trink sowieso keinen Alkohol. Man kriegt so ein Pappmaul davon.«

»Trockenen Mund«, korrigierte Frauke entsetzt.

»Ja«, lächelte Marko Steiner. »Beide haben Recht.«

»Was heißt, beide haben Recht?«

»Vom Alkohol bekommt man einen trockenen Mund. Man dehydriert. Vom Fusel bekommt man ein Pappmaul. Man stinkt wie Sau.«

Natürlich hatte Frauke längst erraten, dass er sein Deutsch nicht in einem Schweizer Eliteinternat gelernt hatte. Aber sie fragte nicht nach. Marko Steiner war froh über ihre diskrete Art. Sie reagierte auch nicht enttäuscht, als er sich nur noch zweimal pro Woche treffen wollte.

»Du bist bald flügge«, sagte Frauke.

»Flügge?«

Als Frauke ihm das Wort erklärte, fühlte Marko sich durchschaut. Tatsächlich hatte er sich gerade ein altes Fahrrad gekauft, das jemand am Straßenrand mit einem Kartonschild angeboten hatte:

»Kaputt, aber gut. 50 D-Mark.«

Obwohl das Land sich gerade auf eine neue Währung umgestellt hatte, fand Elio es sehr passend, dass man ein altes Rad in der alten Währung anbot. Er meldete sich bei dem Verkäufer, der zu seiner Überraschung jünger als das Fahrrad war, und handelte ihn um 20 D-Mark hinunter. Wer ein Fahrrad in einer neuen Sprache von 50 D-Mark auf 30 D-Mark runterhandelt, ist bald flügge. Beim Reparieren achtete Marko darauf, dass er an jeden Teil ein Wort schrauben konnte. Und an jeden Handgriff einen Satz. Sein Wörterbuch war nach ein paar Tagen schmieriger als die Kette. Ich schmiere die Kette. Ich demontiere die Schaltung. Ich entroste die Zahnräder. Wer rastet, der rostet. Ich raste. Ich raste aus. Nachdem er gerastet hatte, raste er los. Ich erneuere die Verkabelung. Ich stelle jede Speiche neu ein. Die Speiche, der Speichel. Der Speicher. Der Speichel rinnt, die Speiche rostet, der Speicher ist voll. Eine Speiche ist gebrochen und muss ausgetauscht werden. Die Speiche, die Felge. Elle und Speiche. Das Fell, die Felge. Das Kugellager. Das Zahnrad. Die Zahnspange.

Als das Rad fertig war, umkreiste er die Stadt an einem Tag. 72 Kilometer. Ich trete in die Pedale. Ich pedaliere. Es ist schön, die Stadt zu umkreisen. Die Wälder zu durchqueren. Die Felder zu durchmessen. Autobahnen surren. Brachen blühen. Flüsse laufen. Halden liegen herum. Rudervereine liegen am Weg. Das Laub. Die Erlaubnis. Die Durchfahrt ist gestattet. Bis auf Widerruf.

Jeden Tag fuhr er weiter und entdeckte überall neue Wörter. Seine Waden wurden so dick, als wären die Wörter darin gelagert. Eines Tages war sein Rad weg. Ich stehle, du stiehlst. Ich habe mich davongestohlen.

Er hatte das Rad nicht abgesperrt und sich davongestohlen. Pissen, pinkeln, austreten, schiffen, mal kurz verschwinden müssen. Er lehnte das Rad an einen Baum, genauer gesagt an den Rand des Baumes, an die Rinde (Rand, Rinde, rund, Rind) und verschwand im Wald. Als er zurückkam, war auch das Rad verschwunden.

Aus der Ferne konnte er den Dieb noch sehen. Er rannte ihm nach und schrie: »Das ist mein Fahrrad, ich kill dich, du Kanacke!«

Gut, dass Frauke das nicht gehört hat. Eine andere Frau kam vorbei und schaute ihn voll Mitleid an. »Hat der dein Rad geklaut?«

»Ja«, sagte Marko. »Geklaut. Gestohlen. Entwendet. Ich musste nur kurz verschwinden, da war das Rad verschwunden.«

»Ach, du Armer«, sagte die Frau mit ihrem wahn! (Bei Frauke hatte er beobachtet, dass sie, wenn ihr etwas besonders gefiel, das Wort »wahnsinnig« nicht nur verwendete, sondern in zwei Teile schnitt. Mit einer Pause, in der der Wahnsinn sich entfalten konnte. Jetzt verstand er, warum sie das machte.) sinnig schönen Mund. Die fremde Frau mit den wahnsinnig schönen Zähnen hatte ein waffenscheinpflichtiges Lächeln.

Ihr Mund sagte nur: »Das wird immer schlimmer mit den Fahrraddieben. Soll ich die Bullen anrufen?«

Ihre Augen aber sagten zu dem sportlichen Radfahrer mit der fast geraden Nase und den verwunderten Augenbrauen »Du bist genau mein Beuteschema.«

»Nein!«, antwortete er erschrocken. »Keine Bullen. Es war ein altes Fahrrad.«

Vor Schreck über ihre Drohung mit der Polizei produzierte er so viele Sätze wie noch nie: »Der Wert war gering. Ich habe es im defekten Zustand erworben. Es kostete nicht viel. Es war ein Schnäppchen. Doch die Reparatur kostete mich viel Zeit. Das Entrosten der Zahnräder war eine Drecksarbeit. Das Einstellen der Gänge benötigte viel Fingerspitzengefühl. Die Verkabelung für die Schaltung war eine langwierige Prozedur. Die Bremsbeläge und Bremszüge mussten erneuert werden. Zwei fehlende Speichen ersetzte ich durch neue, um das Durchhängen der Felge zu verhindern.«

Sie schaute ihn so verwundert an, als wäre ein sprechender Roboter aus dem Wald gekommen.

»Was machst du denn jetzt hier ohne Rad? Hier bist du ja am Arsch der Welt«, sagte die Frau zu dem seltsamen Mann, dessen schöner Kopf diese umständlichen Sätze produzierte.

»Am Arsch der Welt«, wiederholte Marko und dachte an Sven, von dem er diese schöne Formulierung kannte. »Vielleicht finde ich einen Bus.«

»Hier fährt kein Bus«, sagte sie und bot ihm an, ihn mitzunehmen. Ihr Auto stand in der Nähe.

Ein paar Stunden später sagte sie zu ihm: »Du bist mir ins Netz gegangen. Ich hab dich abgeschleppt.«

»Abgeschleppt«, lachte Marko und ließ sich das Wort auf der Zunge zergehen: »Abgeschleppt. Ich lach mich schlapp.«

»Da gibts nichts zu lachen. Du bist genau mein Beuteschema. Weißt du, an wen du mich erinnerst?«

Ich erinnere mich, du erinnerst dich, du erinnerst mich, dachte Marko, ohne zu antworten.

»An einen Freund, den ich mal im Urlaub kennengelernt habe«, erklärte sie ihm. »Ganz im Süden von Italien war das. Im Aspromonte. Warst du da schon mal? Da ist es wahn«

Marko hoffte, dass sie nicht weitersprach.

»sinnig schön. Du könntest von dort stammen, wirklich. Der Freund, Rino hat der geheißen, o Mann, hätte mir nicht gedacht, dass mir der Name noch einfällt.«

Marko hatte es dann wahnsinnig eilig, aus ihrer Wohnung zu verschwinden. Zwei Dinge nahm er mit: ein neues Wort und eine wichtige Erkenntnis. Menschenkontakt ist nicht mein Beuteschema, dachte Marko und verkroch sich ein paar Tage zu Hause. Sein Beuteschema waren neue Wörter und neue Sätze.

Auch das Buch, das Sven ihm geschenkt hatte, kramte er wieder hervor. Mittlerweile konnte er es fast problemlos lesen.

Eschers eigenes Telefon läutete abwechselnd mit dem des Elektrikers. Als er das Gespräch endlich annahm, erfuhr er, dass die Rettung seit zehn Minuten vor seiner Tür stand. Er müsse mit einer Anzeige rechnen, wenn er sie nicht sofort reinließ.

»Ich hab nichts gehört!«

»Haben Sie die Türglocke abgestellt?«

»Natürlich nicht. Aber unsere Klingel ist dauernd hin«, behauptete er und drückte auf den weißen Knopf, um das rote Leuchten der Mute-Taste zu löschen, und auf den blauen Knopf, um die Tür zu öffnen.

Kurz darauf war Eschers Wohnung von vier fremden Menschen bevölkert (den Toten nicht mitgezählt). Ein rothaariger Rettungsfahrer, eine angefressene Notärztin, Herr Janko von der Firma Elektro Janko und der Polizist, den Janko gerufen hatte, als Escher nicht öffnete.

Die Notärztin brauchte nicht lange, um den Elektriker für tot zu erklären, und war hauptsächlich damit beschäftigt, alles in ihr Tablet zu tippen. Sie bat den Firmenchef Janko, die Daten seines Mitarbeiters selbst einzutragen, und der musste in der Firma anrufen, um sich nach Versicherungsnummer und Geburtsdatum zu erkundigen. Janko war der Jüngste von allen, das irritierte Escher. War er nur der Juniorchef? Erschien seinem Vater der Tod eines Mitarbeiters nicht wichtig genug, dass er sich selbst darum kümmerte? Oder war der Vater selbst früh verstorben und seiner Familie war durch das Unglück eine voreilige Generationenfolge aufgezwungen worden? Solche Sachen konnte man nicht so leicht in Erfahrung bringen. Der

Chef (oder Juniorchef) war außer sich und doch bemüht, dem Polizisten zu versichern, dass von Firmenseite keinerlei Fahrlässigkeit vorlag.

»Er war ein erfahrener Mann«, beteuerte er aufgebracht. »So etwas kann dem doch nicht passieren. Seit Jahren ein guter Mitarbeiter. Ein verlässlicher Mann.«

Escher ärgerte sich, dass diese Rotznase den erfahrenen Toten »verlässlicher Mann« nannte.

»Er hat Lehrlinge ausgebildet«, erklärte der junge Chef. »Ich hab selber meine Lehre bei ihm gemacht. Mein Vater hat große Stücke auf ihn gehalten.«

»Ist Ihr Vater nicht mehr in der Firma?«, fragte der Polizist.

»Mein Vater ist vor einem Jahr unerwartet verstorben.«

Escher räusperte sich vor Verlegenheit. Als hätte die Frage nach dem Vater nicht der Polizist gestellt, sondern er selbst. Noch peinlicher als seine Neugier war ihm, dass er mit seiner Vermutung richtiggelegen war. Trotzdem fragte er sich weiter, ob die Floskel »unerwartet verstorben« für Selbstmord stand. Ihm war beim Zeitunglesen aufgefallen, dass es diese beiden Hauptgruppen von Todesmeldungen gab: »nach langer schwerer Krankheit« und »völlig unerwartet«. Lange schwere Krankheit bedeutete Krebs, unerwartet bedeutete Selbstmord. Man sprach es nicht aus, um keine Nachahmungsselbstmörder auf Ideen zu bringen. Das war eine verantwortungsvolle Haltung der Medien. Allerdings übertrieben sie es und platzierten im Anschluss an den Artikel die Information. »Wenn Sie von Depressionen oder Selbstmordgedanken geplagt werden, rufen Sie bei folgender Beratungsnummer an.« Dieser gutgemeinte Hinweis war kontraproduktiv zur weiter oben im Artikel geübten Diskretion »unerwartet verstorben«. Escher fragte sich, ob es zwei verschiedene Abteilungen waren. Die einen waren für die Diskretion im Artikel zuständig, die anderen für den Anhang mit der Selbstmordprävention. Oder es steckte ein Dilemma dahinter. In den Redaktionen hatte man erkannt, dass die potentiellen Selbstmörder ja doch wussten, was hinter »unerwartet verstorben« steckte, weil sie einschlägige Informationen aufsaugten. Deshalb war es auch wieder nicht so schlimm, dass die Beratungsinformation das Tabu im Artikel aufhob.

Fehlte die Beratungshotline, konnte man davon ausgehen, dass »unerwartet verstorben« für einen Schlaganfall oder einen Herzinfarkt stand, nicht aber für einen Unfall, denn bei Unfall stand normalerweise »Unfall«. Escher fragte sich jetzt zum ersten Mal, ob der Tod des Elektrikers in den Nachrichten gemeldet würde. Unter Chronik. Ein Elektriker ist bei Installationsarbeiten in einer Privatwohnung tödlich verunglückt. Als Unfallursache – »Ruaf mi net o«, schepperte das Handy des Elektrikers, »weil du waaßt doch genau –«

Der Sänger wurde vom jungen Firmenchef unterbrochen, der sich mit einem schnellen Schritt dem Toten genähert und ihm das Handy aus der Latzhose gezogen hatte.

»Stell dir vor, der ist tot!«, schrie er ins Telefon.

Die aufgeregte Blechstimme, die aus dem Telefon kam, wurde von ihm gleich wieder unterbrochen: »Ja, ich weiß auch nicht! Ich hab keine Ahnung, er hat die Sicherung nicht! Ja, was weiß denn ich?«

Kurz hörte er noch zu, dann sagte er:

»Du, ich muss jetzt auflegen, die Polizei ist da. Ich melde mich dann.«

»Eigentlich hätten Sie das Handy nicht angreifen sollen, bevor hier alles geklärt ist.«

Zu Eschers Befremden sagte das nicht der Polizist, sondern der junge Fahrer der tätowierten Notärztin.

»Was?«, fragte der aufgebrachte Firmenchef.

»Man soll nichts angreifen, bevor alles geklärt ist.«

»Ja, wird das jetzt untersucht, oder was?«, fragte der junge Janko entnervt und starrte verständnislos das Telefon in seiner Hand an.

Escher beobachtete, wie sein Gesicht, das schon beim Telefonat rot angelaufen war, noch eine dunklere Schattierung annahm. Die Haare des Fahrers waren auch rot, aber das waren zwei so vollkommen verschiedene Farben, dass Escher sich fragte, wie man sie mit demselben Wort bezeichnen konnte.

Der Polizist zuckte mit den Schultern. Er schien auch nicht besonders genau zu wissen, was in so einem Fall zu geschehen hat.

»Das müssen wir uns erst anschauen«, sagte er unaufgeregt. »Greifen Sie jetzt nichts mehr an.«

Als müsse er nach dem Kommentar des übereifrigen Fahrers sein Gesicht wahren, wandte der Polizist sich Escher zu. Er fixierte ihn mit eindringlichem Blick und befragte ihn nach dem Hergang.

»Ist Ihnen aufgefallen, dass der Elektriker vergessen hat, die Sicherung herauszudrücken?«

»Darauf hab ich doch überhaupt nicht geachtet.«

»Vielleicht hat er seine Arbeit einmal unterbrochen und die Sicherung wieder hineingedrückt«, legte der Polizist ihm nahe.

»Nein«, sagte Escher. »Er hat ja gerade erst angefangen. Wieso soll er die Arbeit unterbrechen?«

»Vielleicht hat er etwas getestet? Oder er hat was holen müssen?«

»Nein, er hat nichts geholt.«

Der junge Firmenchef begleitete jede Frage des Polizisten mit einem ungehaltenen Kopfschütteln, als wollte er ihn sofort unterbrechen, sagte aber nichts.

»Wo genau sind Sie gestanden?«, fragte der Polizist. »Haben Sie das Unglück mitangesehen?«

»Ich war drüben im Wohnzimmer. Ich habe gelesen«, sagte Escher.

»Sie haben gelesen, während der Elektriker seine Arbeit gemacht hat?«

Am liebsten hätte Escher den Polizisten gefragt, ob das vielleicht verboten ist. Aber er war auf der Hut und ließ sich nicht provozieren.

»Ja, ich wollte ihn nicht stören. Ich mag das selber nicht, wenn mir wer bei der Arbeit über die Schulter schaut.«

»Und dann?«

»Plötzlich hat es gerumpelt. Als wäre er von der Leiter gefallen. Aber er ist ja auf gar keiner Leiter gestanden. Es hat sich aber so angehört, so laut, wie es ihn auf den Boden geschleudert hat.«

»Das haben Sie gesehen?«

»Nein, nicht gesehen. Gehört hab ich es! Zuerst hab ich es gehört, und dann bin ich natürlich hinüber und hab ihn liegen gesehen.«

»Was haben Sie gelesen?«

»Wie bitte?«

Escher fragte sich, ob das eine besonders raffinierte Fangfrage sein sollte. Warum interessierte der Polizist sich für das Buch? Bezweifelte er Eschers Darstellung des Vorfalls? Wollte er ihn in Widersprüche verwickeln? Hatte er einen Verdacht, dass Escher die Sicherungsschalter versehentlich hinaufgedrückt hat? Unbewusst. Ohne sich etwas dabei zu denken.

»Was Sie gelesen haben«, wiederholte der Polizist.

»Das Buch da«, sagte Escher, nahm es vom Tisch und zeigte es dem Polizisten.

»Ah, das kenn ich auch, das hab ich auch gelesen«, sagte der Polizist.

»Wirklich?«

»Ja, über den Mafiosi im Zeugenschutzprogramm.«

Escher wäre es lieber gewesen, wenn er »Mafioso« gesagt hätte, aber er ließ sich nichts anmerken.

»Das ist ein super Buch«, sagte der Polizist.

»Ja.«

»An welcher Stelle waren Sie gerade?«

Escher wurde wieder misstrauisch. Was hatte der Polizist mit ihm vor? Wollte er ihn aufs Glatteis führen?

»Wo er von Mailand in die Schweiz fährt«, log Escher.

Es war ihm völlig unverständlich, warum er dem Polizisten die falsche Stelle sagte.

»Eigentlich sagt man gar nicht Mafia«, mischte der Fahrer sich wieder in das Gespräch ein. »'Ndrangheta oder Camorra oder Cosa Nostra. Je nachdem, wo. Die einen sind in Sizilien. Und die anderen mehr beim Stiefel.«

Zum Glück wurde in dem Moment die Notärztin zum nächsten Einsatz gerufen, und der vorlaute Fahrer verschwand mit ihr.

»Ja, das ist eine super Stelle«, sagte der Polizist. »Wo er im Zug zum ersten Mal mit seinem neuen Namen angesprochen wird. Sind Sie Herr Marko Steiner? Aber es wird noch besser. Wenn er dann ankommt in Deutschland, und er geht herum, und alles ist ihm vollkommen fremd. Aber ich will nicht zu viel verraten.«

»Es muss schon brutal sein im Zeugenschutz.«

»Wir haben ja auch immer wieder Zeugenschutzler, die bei uns ankommen. Einfach ist das nicht, dieser völlige Neuanfang.«

Der Firmenchef hörte befremdet zu, und als Escher nichts weiter zu dem Buch sagte, entstand eine unangenehme Stille. Ein Engel ging durch den Raum. Escher liebte diesen Ausdruck. Im Gegensatz zu Raffaels Engeln, die er zwar als Puzzle besaß, aber nicht ausstehen konnte. Escher fand, dass sie nicht wie Engel aussahen, sondern wie Idioten.

»Was passiert jetzt eigentlich?«, fragte Escher den Polizisten. »Ich möchte nicht herzlos erscheinen. Aber ehrlich gesagt wäre ich froh, wenn der Tote nicht noch eine Ewigkeit bei mir liegt.«

»Ich glaub, es wird nicht mehr viel passieren«, sagte der Polizist. »Es ist ja ein eindeutiger Fall. Ein Arbeitsunfall. Aber wir müssen doch alles korrekt machen. Wegen der Versicherung. Damit die Witwe ihr Geld kriegt.«

»Die Witwe?«

»Ja, die Frau eben. Haben Sie den Ehering nicht gesehen?«

»Doch«, sagte Escher. »Es geht nur alles so schnell.«

Er wollte dem Polizisten nicht erklären, dass es das Wort *Witwe* war, das ihn störte.

»Schade um so einen jungen Menschen«, sagte der Polizist.

»Wie alt ist er denn?«, fragte Escher.

Er hoffte, dass niemand ihn auf »war« korrigierte. Hatte der Tote nicht auch noch ein Alter? Vielleicht hatte er noch ein paar Tage lang ein Alter, und dann hatte er kein Alter mehr, sondern das ganze Leben wurde gleichbedeutend, die Reihenfolge der Tage und Jahre spielte keine Rolle mehr.

»Mitte vierzig«, sagte der junge Chef.

»Hat er Kinder auch?«

»Eine Tochter, soviel ich weiß.«

»Ist die Frau schon informiert worden?«, fragte Escher.

»Ruaf mi net o, weil du waaßt doch genau, wo i –«

»wohn«, ergänzte Eschers Gehirn.

Niemand berührte das Handy, und es verstummte mitten in der dritten Wiederholung.

Als der Tote endlich abgeholt wurde, wunderte sich Escher, dass Janko und der Polizist nicht mit den Sargträgern die Wohnung verließen. Eine Minute später verabschiedeten sie sich allerdings auch, als wäre es nur darum gegangen, einen gewissen Abstand zu halten. An der Tür fiel Escher auf, dass die Schuhe des Toten immer noch dastanden. Er drückte sie dem Chef in die Hände, der sie stumm entgegennahm.

Die leere Wohnung erschien ihm kleiner als zuvor die Wohnung voller Leute. Der Engel war auch nicht mehr da. Escher öffnete alle Fenster und putzte den Boden dort, wo der Elektriker gelegen war. Dann musste er auch dringend hinaus. Nur kurz wollte er sich vorher auf dem Sofa ausstrecken, schlief aber augenblicklich ein. Zehn Minuten später riss ein Anruf ihn aus dem Tiefschlaf. Der Polizist fragte ihn, ob er seine Sonnenbrille bei ihm vergessen habe.

»Mir kommt vor, ich hab sie bei Ihnen auf den Küchentisch gelegt.«

Escher ging in die Küche, um nachzuschauen.

»Nein, da liegt sie nicht. Sonst seh ich sie auch nirgends. Tut mir leid.«

Er fragte sich, ob der Polizist die Brille wirklich vermisste, oder ob es eine Finte war. Vom zu schnellen Aufspringen war ihm schwindlig, und er legte sich wieder auf das Sofa. Ein paar Seiten lesen war jetzt das Richtige, um langsam wieder in Schwung zu kommen. Er ärgerte sich, dass er das Buch beim Verhör durch den Polizisten zugeklappt hatte. Jetzt hatte er nicht den Nerv, die richtige Stelle zu suchen und las auf gut Glück dort weiter, wo das Buch sich öffnete.

Marko Steiner war schneller zu einem neuen Beruf gekommen, als er es erwartet hatte. Sein zuerst nur für den Eigengebrauch, dann als bezahltes Hobby betriebenes Restaurieren alter Fahrräder entwickelte sich ohne richtige Absicht zu einem einfachen Broterwerb. Von Woche zu Woche lief das Geschäft besser. Bald reparierte er nicht mehr nur die Räder seiner Kunden, sondern kaufte auf Flohmärkten und aus Hinterlassenschaften verrottete Räder, um ihre brauchbaren Teile zu neuen Schmuckstücken zusammenzusetzen und zu verkaufen. Alte Männer, Studentinnen, Geschäftsleute, sogar ein Pastor zählten zu seinen Kunden.

Da ihm die Mundpropaganda einen immer größeren Kundenzulauf bescherte, eröffnete er eine richtige Werkstatt mit Ladenlokal und ließ seine Firma unter dem Namen RAREST in das Firmenregister eintragen. Bei den Fans von Vintage-Rädern gehörten seine restaurierten und teuer wiederverkauften Räder bald zu den angesagten Marken, und sein neben den berühmten Logoschriften von Peugeot oder Mercier oder Koga Miyata diskret angebrachter Werkstattaufkleber RAREST steigerte das Prestige der Originalmarke. Die Eingeweihten hielten sich etwas darauf zugute, den Hintergrund des Markennamens RAREST zu kennen: RAd REparatur STeiner.

In den ersten Jahren gab es allerdings einen Wermutstropfen für die Fans von RAREST. Der freundliche Herr Steiner weigerte sich kategorisch, italienische Marken zu übernehmen. Ein Bianchi kam ihm nicht in die Werkstatt, von einem Masi, Gios oder De Rosa gar nicht zu reden. Die abgewiesenen Liebhaber wunderschöner Pinarellos konnten nicht ahnen, dass diese Haltung Marko Steiner selbst am meisten schmerzte. Aber er hatte Falcones Warnungen nicht vergessen und wollte nicht in Versuchung kommen, Ersatzteile in Italien zu bestellen. In seiner alten Sprache. Wer so anfing, fuhr früher oder später auch dorthin, wo er Rahmenfunde witterte.

Ein Pinarello war der Grund, dass Marko Steiner schon als Kind zu einem meisterlichen Rennradmechaniker geworden war. Nachdem Aldo Pisi bei der Schießerei in der Kirche Santa Maria ums Leben gekommen war, schenkte seine Witwe dem zehnjährigen Elio das Rennrad ihres Mannes. Es war ein funkelndes Schmuckstück. Ein Heiligtum. Das Campagnolo-Superrecord-Schaltwerk und der Cinelli-Lenker, die ihm normalerweise viel bedeuteten, zählten in diesem Fall kaum. Denn der Stahlrahmen von Aldo Pisis Pinarello hatte eine 24-Karat-Gold-Ummantelung und glänzte wie die Monstranz des Pfarrers.

Die Aufhebung seiner Sperre italienischer Marken hatte nichts damit zu tun, dass am 17. August 2007, im fünften Jahr seines neuen Lebens und vier Jahre nach der offiziellen Eröffnung von RAREST, sein Fahndungsfoto im deutschen Fernsehen auftauchte. Wie jeden Abend beschloss er den Arbeitstag damit, sich im Fernsehen die Nachrichten anzuschauen. Anfangs hatte er es persönlich genommen, dass die Weltuntergangsgesichter der deutschen Moderatorinnen ihn anschauten, als hätte er etwas verbrochen. Jetzt aber gab es wirklich etwas zu fürchten. Sie suchten ihn im Zusammenhang mit einem sechsfachen Mord, der sich am 15. August 2007 in Ü ereignet hatte. Seine eigenen Augen blickten ihn aus dem Fernseher an.

Marko Steiner zwang sich, ruhig zu bleiben und nichts zu überstürzen. Zum Glück trug er auf dem Foto seinen Motorradhelm, und nur seine Augen waren zu erkennen. Nicht die Nerven verlieren. Ruhig Blut bewahren. Die Ruhe selbst sein. Sich nicht verrückt machen lassen. Nicht die Fassung verlieren. Die Ruhe weghaben. Sich zusammennehmen. Nichts übereilen. Er brachte sein »Urlaub«-Schild an der Tür von RAREST an und verzog sich in das Hochbett hinter seiner Werkstatt. In den nächsten Tagen konnte er sich nicht auf der Straße blicken lassen. Er musste abwarten. Um nicht verrückt zu werden, griff er nach seinem Buch und las dort weiter, wo er vor einigen Tagen stehengeblieben war.

Kaum hatte der Polizist wegen seiner Sonnenbrille angerufen, klingelte Eschers Handy schon wieder. Frau Janko war am Telefon. Escher fragte sich, ob sie die Frau des jungen Chefs war oder seine Mutter. Oder seine Schwester?

Sie entschuldigte sich für die Unannehmlichkeiten, die ihm aus dem Unglück erwachsen waren.

»Wir können Ihnen heute noch einen Mitarbeiter in die Wohnung schicken, der die Arbeit fertig macht.«

Damit hatte er nicht gerechnet. Obwohl Escher selten eine Überraschung erlebte. Er hatte es sich in seiner frühesten Jugend angewöhnt, möglichen Überraschungen zuvorzukommen. Durch Antizipation. Man musste dem Geschehen immer einen Schritt voraus sein wie ein vorsichtiger Autofahrer, der das Ausscheren des LKW voraussah. Man musste gefasst sein.

Schon der Gesichtsausdruck von überraschten Menschen war ihm unangenehm. Die unvorbereiteten Deppen schauten so dumm aus der Wäsche.

Das Angebot, die Steckdose noch heute reparieren zu lassen, überraschte Escher allerdings völlig. Er war froh, dass Frau Janko ihn nicht sehen konnte. Stimmlich ließ er sich nichts anmerken, und die Verzögerung seiner Reaktion war wohl kaum wahrnehmbar. Auch war Frau Janko alles andere als argwöhnisch. Sie zog Eschers Version des Unglücks mit keinem Wort in Zweifel. Im Gegenteil – sie entschuldigte sich bei ihm. Es sei selbstverständlich, betonte sie, dass die Firma ihn jetzt nicht auch noch mit der Reparatur warten lasse.

»Oder wenn es Ihnen heute zu viel ist«, sagte sie, »dann können wir auch so verbleiben, dass Sie uns einfach anrufen, sobald Sie –«

»Das ist doch unwichtig«, unterbrach er sie.

»Ja. Aber man kann es auch nicht so lassen.«

Er wollte fragen, wie es der Frau des Toten geht. Der Witwe. Diese Frage war aber so unsinnig, dass er nur sagte: »Ist die Frau schon informiert worden?«

»Ja.«

»Von Ihnen?«

»Ja.«

Er fragte sich, ob Frau Janko angerufen hat oder gleich zu ihr gefahren ist. Außerdem hätten ihn die genauen Worte interessiert, mit denen sie der Witwe die Nachricht überbracht hat. Während er überlegte, welche Frage nicht zu indiskret und gerade noch akzeptabel wäre, bemerkte er eine Veränderung im Schweigen der Firmenchefin. Obwohl er nichts hörte, glaubte er, der Stille anzuhören, dass sie heimlich weinte.

»So etwas ist Schicksal«, sagte er, um das Schweigen zu füllen und ihr Zeit zu geben, das Weinen unter Kontrolle zu bekommen.

»Es ist schrecklich«, sagte sie nach einer Pause. »Unsere Firma gibt es seit 43 Jahren. Von meinem Schwiegervater gegründet. Aber so etwas ist noch nie passiert. Ein gelernter Elektriker vergisst nicht, die Sicherung herauszudrücken.«

»Kümmert sich jemand um die Frau? Wo ist sie jetzt?«

»Eine Freundin ist bei ihr.«

»Gibt es Kinder?«

»Eine Tochter. Dreizehn oder vierzehn Jahre. Die weiß es noch nicht. Sie ist nicht daheim. Ich glaub, es gab einen Krach mit ihrem Vater. Vielleicht war er deshalb nicht … nicht richtig bei der Sache vielleicht. Also möchten Sie jetzt, dass ich Ihnen wen vorbeischicke?«

»Fragen Sie lieber vorher bei der Polizei, ob man etwas verändern darf.«

»Das hab ich schon. Es ist kein Problem, wir können es fertig machen. Sie haben ja alles fotografiert. Außerdem, was soll da schon sein.«

»Heute nicht mehr«, sagte Escher. »Ich bin zu müde. Ich weiß nicht warum, aber ich bin so müde.«

»Ja, ich bin auch müde. Das ist der Schock. Aufgekratzt und müde gleichzeitig. Ich bin so nervös und so müde gleichzeitig.«

Escher fragte sich, wie diese Müdigkeit im Kopf eines Menschen entstand. Es war, als hätte die Energie des elektrischen Schlages nicht nur den Organismus des Elektrikers zum Totalstillstand gebracht, sondern auch den in der Nähe Stehenden erledigt.

»Wie viele Mitarbeiter haben Sie?«

»Wieso fragen Sie das?«

»Naja, Ihnen fehlt doch jetzt einer. Vielleicht ist es gar nicht so einfach für Sie, jetzt noch einen für mich abzustellen.«

Sie lachte kurz. Ein resigniertes Lachen, als könnte sie sich eine Welt gar nicht mehr vorstellen, in der so eine Kleinigkeit als Sorge zählte.

»Neun Mitarbeiter haben wir. Eine Sekretärin, eine Elektrikerin, fünf Elektriker. Zwei Lehrlinge. Also jetzt vier Elektriker.«

»Vielleicht sollte man es erst nach dem Begräbnis fertig machen.«

Es kam Escher respektlos gegenüber dem Toten vor, wenn seine letzte Arbeit von einem anderen erledigt wurde, bevor er begraben war. Natürlich tat es dem Toten nicht mehr weh. Aber dem Lebenden, der dieser Tote gerade noch gewesen war, tat es vielleicht weh. Und dem Toten tat es weh, der Escher einmal sein würde. Es war schwer zu sagen, aus welcher Zeit (Vorzukunft? Nachvergangenheit?) solche Schmerzen kamen, und wie man sie loswurde.

»Was hat das mit dem Begräbnis zu tun?«

»Nichts natürlich. Ich meine nur, Sie haben jetzt bestimmt viel zu erledigen. Ist nicht eine Menge Bürokratie damit verbunden?«

»Darüber hab ich noch gar nicht nachgedacht. Ich muss jetzt in erster Linie einen neuen Elektriker suchen. Wir hätten sowieso schon einen gebraucht. Einen zusätzlichen! Jetzt muss ich erst einmal einen Ersatz finden. Naja, ich will Sie nicht volljammern. Mir tut die Frau leid. Die Witwe.«

»Man sagt nicht gern Witwe«, sagte Escher.

»Nein.«

Escher kam es vor, als würde der Elektriker in dem Moment erst richtig sterben. Wenn man seine Frau als Witwe bezeichnete.

»Kann man etwas für sie tun? Für die Frau.«

»Wir machen ein Spendenkuvert.«

»Kann ich mich daran beteiligen?«

»Das müssen Sie nicht. Sie sollen nicht auch noch. Sie haben schon genug. Wir werden ihr schon. Aber sicher, wenn Sie wirklich etwas geben wollen. Je mehr zusammenkommt, umso besser. Trost ist das sowieso keiner. Aber wenigstens eine kleine Hilfe.«

Escher überlegte, wie viel wohl als Spende angemessen war. Er wollte der Witwe helfen. Aber es durfte nicht so viel sein, dass es wie ein Schuldbekenntnis wirkte.

»Darf ich fragen, was man da so hineingibt?«

»Keine Ahnung. Ich muss erst mit meinem Mann darüber reden.«

»Ich komme heute noch zu Ihnen und tu etwas in das Kuvert. Wie lange sind Sie da?«

»Lieber morgen«, sagte sie müde. »Ich bin so fertig mit den Nerven.«

»Ja, morgen. Wie alt war er?«

»Wie alt?«

»Ja, wie alt ist er geworden.«

»Nicht einmal 43.«

»Das ist kein Alter.«

»Nein. Dann können wir ja morgen wegen dem Termin schauen.«

Escher verabschiedete sich, setzte sich aufs Sofa und dachte eine Weile darüber nach, wie viel er in das Spendenkuvert geben sollte. Wahrscheinlich wäre es kein Kuvert, sondern eine kleine, flache Kartonschachtel, und man konnte das Geld diskret hineinlegen, ohne dass Frau Janko es sah. Er hoffte, dass es wenigstens keine dieser unwürdigen Kaffeekassen wäre, die man neuerdings auf vielen Verkaufstheken sah, oder gar ein Sparschwein.

Eine Möglichkeit war vielleicht, einen unauffälligen Betrag zu spenden und zusätzlich eine anonyme Spende für die Frau zu hinterlegen. Für die Witwe. Das Wort Witwe kam ihm fremd und archaisch vor. Persönlich kannte er keine einzige Witwe. Außer vielleicht so alte Witwen, die man nicht mehr als Witwen empfand, sondern einfach als alte, alleinstehende Frauen, deren Männer längst vergessen waren. Er fragte sich, woher dieses seltsame Wort kam und googelte es.

»Die Kennzeichnung *verwitwet* ist neben *ledig*, *verheiratet* und *geschieden* eine der vier Arten eines Familienstandes.«

Diese Behauptung ärgerte Escher. Er hatte sich niemals als Exemplar des Familienstandes *ledig* begriffen. Vielmehr sah er sich als nicht betroffen von der Frage nach einem Familienstand, da er diesbezüglich niemals eine Entscheidung getroffen hatte. Ein Fußgänger war doch auch nicht ein »autoloser Mensch«.

Interessant fand er, dass »Witwer« die abgeleitete männliche Form von »Witwe« war. Der Artikel behauptete, dass es sich dabei um einen der wenigen männlichen Begriffe handelte, die von der weiblichen Form abgeleitet waren.

Er fragte sich, was das zu bedeuten hatte, fand in dem Artikel aber nur eine etymologische Erklärung für die Herkunft des Wortes.

»Das Wort Witwe geht auf die indogermanische Verbalwurzel ›uidh‹ zurück: leer werden. Mangel haben.«

Escher ließ sich den Klang auf der Zunge zergehen: Uidh. Es fühlte sich gut an. Wie ein Meditationsgesang, der sich unwiderstehlich einschmeichelte.

Uidh.

Leer werden.

Uidh.

Es kam ihm vor wie ein exquisiter Geschmack. Eine Eissorte, ein heilender Balsam. Uidh. Die Leere erinnerte ihn daran, dass er die übersprungenen Seiten in seinem Buch nachlesen musste.

Das Mafiadorf wurde von vielen Witwen bewohnt. Die schwarzen Schattenmenschen waren unübersehbare Leerstellen, schwarze Zählkandidatinnen, an denen man all die Morde im Dorf abzählen konnte. Über die Jahre und Jahrhunderte hatte der blutige Kampf zwischen den rivalisierenden Familien einen unheimlichen Überschuss an diesen schwarz gekleideten Gespenstern erzeugt. Morde, die aus Rache begangen wurden für Morde, die aus Rache begangen wurden. Je mehr Männer gewaltsam beseitigt wurden, umso prinzenhafter wurden die verwaisten Söhne von den Witwen behandelt, und wuchsen zu brutalen Mördern heran, die neue Witwen erzeugten.

Eine dieser Witwen war es, die dem zehnjährigen Elio das goldene Pinarello-Rennrad ihres verstorbenen Mannes Aldo schenkte. Vier Jahre nach der Eröffnung hob RAREST endlich den Bann gegen italienische Rennräder auf. Der Boykott hatte zu viele Fragen bei Markos Kunden aufgeworfen. Außerdem erschien ihm seine Vorsicht fünf Jahre nach dem Beginn seines neuen Lebens schon etwas übertrieben.

Bald kaufte er auch selbst seine erste Pinarello-Ruine, um sie wieder aufzubauen und zu verkaufen. Dem ersten Pinarello folgte ein zweites. Die Leute rissen ihm die Räder aus den Händen. Und weil es nicht einfach war, in Deutschland gute Pinarellos zu erwerben, begann er, sie in Italien zu bestellen. Natürlich fuhr er nicht hin, sondern bestellte sie online. Er bezahlte mit seiner Kreditkarte, die auf den Namen Marko Steiner lief. Wegen dieser Bestellungen flog er nicht auf. Sein Fahndungsfoto kam nicht wegen seines florierenden Pinarello-Handels ins Fernsehen. Er fuhr ja nicht hin. Nicht nach Italien. Italien begann erst südlich von Neapel. Und er fuhr nicht einmal bis Rom. Nicht einmal bis Mailand. Es war nie ein Problem gewesen.

Auch dass er auf das Inserat einer Witwe reagierte, deren Mann ihr drei Garagen voller Schrott hinterlassen hatte, war noch nicht der entscheidende Fehler. Es gehörte zu seinem Geschäft. Die alte Frau wirkte nicht sehr traurig darüber, dass ihr Mann gestorben war. Endlich konnte sie sein Gerümpel verkaufen, das nicht nur die Garagen füllte, sondern auch den halben Garten zuwucherte. Der zwanghafte Sammler unnötiger Dinge hatte ihr ein Gebirge aus alten Fernsehern, Küchengeräten, Spielsachen, Ersatzteilen aller Art und mehrere Tonnen vergammelnder Bücher hinterlassen. Diese Hölle schien die ganze Welt der denkbaren Dinge und Wörter zu enthalten. Liegestühle, Couchtische, Trockenhauben, Fotoapparate, Glühbirnen, Schirme, Lampenschirme, Bildschirme, Röhrenfernseher, Koffer, Radios, Bohrmaschinen. Viele der Sachen waren noch originalverpackt und hatten einen gewissen Wert.

Marko kaufte ihr zwei Pinarello-Rahmen und mehrere Kisten Teile ab. Nichts davon konnte man als Fehler bezeichnen.

Das Panini-Album der italienischen Nationalmannschaft von 1986 ließ er liegen, obwohl es alle Bilder außer Altobelli und Trainer Bearzot enthielt. Erst in der dritten Garage stolperte er über die unter einer Plastikplane versteckte Vespa. Sie war in keinem guten Zustand, aber alles war original, noch niemand hatte daran herumgepfuscht. Natürlich, er restaurierte keine Vespas. Nicht für Kunden. So weit wäre er nie gegangen. Aber es war eine Primavera von 1968. Das Modell, das sein Großvater gefahren war.

»Sind Sie daran interessiert?«, fragte die Witwe.

Marko Steiner schüttelte den Kopf.

»Brauchen Sie nicht?«

Nach dem Tod des Großvaters war die Vespa nie wieder gestartet worden. Verehrt wie die Reliquie des Madonnenhaares im Dorf aller Gnaden ruhte sie in der Garage. Bis zu dem Tag, als die Garage in Flammen aufging, hatte Elio gehofft, die Primavera eines Tages zu bekommen.

»Doch«, sagte Marko. »Ich nehm sie.«

Der Kauf der Vespa war noch nicht unbedingt der entscheidende Fehler. Er hatte ja nicht vor, sie jemals zu verkaufen. Es ging ihm auch nicht darum, selbst damit zu fahren. Er wollte sie nur wieder in Schuss bringen. Die Primavera sollte dastehen wie neu.

Erst als er sie in seiner Werkstatt vor sich selbst versteckte und im hintersten Abstellkeller vergrub, begann es sich wie ein Fehler anzufühlen. Bevor er mit dem Demontieren beginnen konnte, musste er dieses Gefühl loswerden. Man durfte mit dem Restaurieren niemals in einem Moment anfangen, wo man nicht ganz bei sich war. Es war ein Glück, dass ihm beim Freiräumen des Abstellplatzes, den er für die Vespa benötigte, das alte Buch von Sven unterkam, das er nie fertig gelesen hatte. Er suchte die Stelle, wo er stehengeblieben war.

Escher kämpfte gegen den Impuls an, sofort zum Geschäftslokal von Elektro Janko aufzubrechen, um sein Geld für das Sammelkuvert abzugeben. Es hätte ihm gutgetan, aber die überhastete Geldabgabe bei der Witwe erschien ihm respektlos. Wie jeder Versuch, ein Problem aus der Welt zu schaffen, bevor man es ermessen hat, wäre es dreist, der Tragik so schnell mit einer finanziellen Hilfe zu begegnen. Ein falscher Trost für die Witwe. Uidh. Der Leere musste eine gewisse Zeit gehören. Dem Mangel musste Platz eingeräumt werden.

Von seinen Recherchen für die Trauerreden kannte er den unterschiedlichen Umgang verschiedener Gesellschaften mit dem Verlust. Er wusste, dass es Kulturen gab, in denen der Ablauf der Trauer in fixen Etappen festgelegt war. Erst vierzig Tage nach dem Leib verabschiedete sich auch die Seele des Toten. Dann erst war der Verschiedene wirklich tot. Mit diesen und ähnlichen Geschichten hatte er die Trauernden immer wieder eingelullt. Abgelenkt und in ein tröstliches Labyrinth geführt. Obwohl er als Student eigentlich zu jung gewesen war, um als Trauerredner engagiert zu werden, hatte er sich schnell einen Namen gemacht. Die Qualität seiner Reden sprach sich herum. Diese Arbeit lag ihm. Seine gleichzeitig distanzierte und mitfühlende Art machte ihn zu einem begehrten Trauerredner, und zu seiner eigenen Überraschung konnte er gut davon leben.

Sein Expertenwissen war ihm aber jetzt, wo er selbst betroffen war, keine Hilfe. Vierzig Tage nach dem Leib verlässt die Seele den Menschen? So lange konnte er sich unmöglich damit herumschlagen. Es brachte niemandem was, wenn er sich hier verrückt machte. Davon wurde der Elektriker auch nicht mehr lebendig. Obwohl er befürchten musste, die vorschnelle Ablasszahlung könnte auf ein schlechtes Gewissen, auf eine unentdeckte Schuld hinweisen, machte er sich schon am nächsten Vormittag auf den Weg zur Bank. Er wollte seine Spende ja nur bei Elektro Janko abgeben. Es blieb ihnen also unbenommen, das Geld erst später an die Witwe weiterzugeben.

Im Foyer hob er fünfhundert Euro ab. Als die Maschine wissen wollte, welche Stückelung er wünsche, war er überfragt. Privat entschied er sich gern für kleine Scheine, gab es doch immer mehr Geschäftsleute, die in Ohnmacht fielen, wenn sie einen großen Geldschein sahen. Doch ein dickes Kuvert voller kleiner Scheine hatte etwas Protziges. Für kleine Scheine sprach wieder, dass es für die Witwe bestimmt praktischer war. Man durfte sie nicht aus Gründen der Kuvertästhetik oder der übertriebenen Diskretion den unverschämten Geschäftsleuten aussetzen, die eine empörte Miene aufsetzten, wenn man mit einem Hunderter bezahlte. Andererseits würden seine Scheine ohnehin in die Gesamtspende der Elektrofirma einfließen. Womöglich wechselte die Chefin die Scheine sogar vor der Übergabe, weil sie ähnliche Überlegungen wie Escher anstellte?

Der Geldautomat spuckte fünf Hunderter aus. Er wunderte sich jedes einzelne Mal, dass die Maschine ihm tatsächlich Geld gab. Dabei hatte er seine Finanzen gut im Griff. Noch nie hatte er einen Kredit gebraucht, sich privat Geld ausgeborgt oder auch nur sein Konto überzogen. Man verdiente als Trauerredner besser, als die Leute dachten. Den Trauernden saß das Geld oft so locker, dass man sie fast vor ihrer Spendierfreudigkeit in Schutz nehmen musste. Für Eschers Lebensstil reichte es jedenfalls. Da er kaum etwas ausgab – die Miete war günstig, und die Anschaffung von Puzzles sein einziger Luxus –, kam er gut über die Runden.

Sogar eine Altersvorsorge hatte Escher angelegt. Er erzählte es niemandem, weil es ihm peinlich war, dass er schon als Student an so etwas gedacht hatte. Und eigentlich war es auch gar nicht wirklich seine Absicht gewesen. Doch wer hätte ihm schon geglaubt, dass er damals die Papiere eigentlich nicht unbedingt wegen der Altersvorsorge erworben hat, sondern um das Geld loszuwerden? Der Wert seiner Aktien hatte sich tatsächlich schon in der ersten Woche halbiert, und da es weiter bergab ging, hatte er sich bald nicht mehr darum gekümmert.

Die peinliche Geschichte ging auf seine Zeit als Traueranfänger zurück. Zu seiner Überraschung bot ihm ein Verlag für sein Tagebuch, das er unter dem Titel »Eine traurige Angelegenheit« verschickt hatte, einen Vorschuss von zehntausend D-Mark. Einen Vorschuss hatte er nicht erwartet – schließlich war er ein Niemand. Er unterschrieb den Vertrag so, wie er ihn bekommen hatte, und schickte ihn noch am selben Tag zurück. Wenn das Buch sich in einer Stückzahl verkaufen sollte, die den Vorschuss von zehntausend D-Mark überstieg, erhielt er entsprechende Fortzahlungen. Theoretisch konnte man so Millionen verdienen, wenn man Millionen von Büchern absetzte.

Sein Anteil pro Buch betrug ziemlich genau 1 D-Mark. Bei guten Verkäufen würde auch sein Anteil steigen, zuerst auf 1,10, später auf 1,20. So sah es der Vertrag vor. Bei der Gelegenheit lernte er, dass die Hälfte des Ladenpreises der Buchhandlung blieb. Der Rest ging an den Verlag, der davon die Herstellung und den Vertrieb finanzierte. 8 Prozent bekam der Autor. Bei der einen D-Mark, die er bekam, war die Rechnung also einfach. Die ersten zehntausend Bücher würden den Vorschuss von zehntausend D-Mark abstottern. Danach ging das richtige Verdienen los.

Allerdings entpuppte sich *Eine traurige Angelegenheit* als Flop. Nur 347 Bücher gingen über den Ladentisch. Für den Verlag war es ein Verlustgeschäft. Die Tatsache, dass es sich bei seinem Honorar um einen nicht rückzahlbaren Vorschuss handelte, war ein schwacher Trost. Es war ihm peinlich, und er wollte die zehntausend D-Mark so schnell wie möglich loswerden. Seine Kränkung, dass die *Traurige Angelegenheit* niemanden interessierte, versteckte er hinter einer anderen Kränkung. Ganz gegen seine Art empörte er sich in einer kulturpolitischen Aufwallung darüber, dass der Großteil des Buchpreises von den Kapitalisten eingestreift wurde, während dem Autor nur 8 Prozent blieben. Es war so ähnlich wie mit der Milch, wo die Bauern nur einen Bruchteil des Ladenpreises bekamen. Was war das nur für eine Welt?

Aus dieser Gefühlslage befreite der junge Escher sich mit einer grandiosen Geste. Er erinnerte sich an den Spruch, dass man als kluger Verbrecher eine Bank nicht ausrauben, sondern gründen musste, und erwarb für die zehntausend D-Mark, die das Buch ihm eingebracht hatte, Aktien einer großen Buchhandelsfirma. Man durfte nicht so dumm sein und ein Buch schreiben, man musste in den Buchhandel einsteigen. Ohne jedes Verständnis für die Börse kaufte er die Aktien, einzig und allein aus Trotz, weil er mit seiner *Traurigen Angelegenheit* so einen Flop hingelegt hatte.

In den Wochen und Monaten darauf ging es mit der Aktie rasant bergab. In der Zeitung konnte man lesen, dass die Firma, in die er sich eingekauft hatte, nur aus Schulden bestand und wohl bald Konkurs anmelden werde. Es war eine riesige

Luftblase, die nur Verluste einfuhr. Die Aktie hatte zwar, wie es auf den Wirtschaftsseiten hieß, viel Phantasie, die Firma allerdings keinerlei Fundament in der Realität. Nicht einmal Läden hatte diese potemkinsche Buchhandlung, sondern man bestellte die Bücher über den Computer, und das Buch kam mit der Post.

Mit dem Verheizen des Vorschusses fühlte Escher sich rehabilitiert. So wie in manchen Kulturen den Verstorbenen unfassbare Schätze mitgegeben wurden, schmiss er dem Buch die 10 000 D-Mark hinterher. Es war eine Reinwaschung, ein Exorzismus, mit dem er den blamablen Versuch, Schriftsteller zu werden, hinter sich ließ.

Seither war er zufrieden mit seinem Leben als Trauerredner. Als hätte der Flop ihn gestählt, hörte er auch ganz damit auf, seine Erlebnisse niederzuschreiben. Sein Job gefiel ihm. Ein sinnvolles und stabiles Geschäft ohne große Kursschwankungen. Nur die Verwunderung, dass die Geldmaschine ihm ohne zu zögern Geld aushändigte, war ihm aus Studententagen geblieben. Escher steckte die Hunderter in ein Kuvert, dieses in seine Sakkotasche und machte sich auf den Weg zu Elektro Janko. Es war ein angenehmer Spaziergang von einer halben Stunde. Allerdings musste er dort feststellen, dass so etwas Altmodisches wie eine Mittagspause noch existierte, weshalb er umsonst an der verschlossenen Tür rüttelte.

Elektro Janko schien es darauf angelegt zu haben, seine Geduld zu strapazieren. Wenigstens war die Hälfte der Mittagspause schon verstrichen. Escher setzte sich also in den nahen Park, um den Rest der Zeit abzuwarten. Zum Glück hatte er daran gedacht, sein Buch mitzunehmen.

Am 14. August 2007 hatte Marko die Vespa fertig. Gern hätte

er noch länger daran gearbeitet, aber beim besten Willen fand sich kein Teil mehr, den er noch nicht wiederhergestellt oder ersetzt hatte. Er konnte eine erste Ausfahrt machen. Der Vorsatz, sich damit nicht in der Öffentlichkeit zu zeigen, war im Lauf der Zeit in Vergessenheit geraten. Eine kleine Runde um seine Werkstatt fuhr er sogar ohne Helm. Dann siegte die Vernunft, und bei der ersten richtigen Ausfahrt trug er vorschriftsmäßig einen Helm. Nur keine sinnlosen Polizeikontakte riskieren. Und die Anonymität, die einem ein Vollvisierhelm verlieh, war ein unschätzbarer Vorteil. Es war der erste Helm, den er seit seiner Fahrt auf Falcones Laverda trug.

Die Vespa lag perfekt auf der Straße. Sie ging nicht halb so schnell wie die Laverda, und die Polizei stoppte ihn nicht.

Der leere Tank stoppte ihn.

Pech haben. Eine Schlappe erleiden. Einen Rückschlag hinnehmen.

Wenn Marko Steiner wütend wurde, zählte er nicht bis hundert, er memorierte Vokabeln.

Schrottkarre! Rostlaube! Pfuscher! Stümper! Patzer! Dilettant! Quacksalber!

Marko Steiner verfluchte sich für die schlampige Montage des Benzinschlauchs, der, wie er erst jetzt am Straßenrand feststellte, Treibstoff verlor.

Glück im Unglück haben. Mehr Glück als Verstand haben. Die Dummen haben das Glück.

Erleichtert stellte er fest, dass er die Vespa keine hundert Meter schieben musste, um zu einem abschüssigen Straßenstück zu gelangen. Und am Ende dieser von der Schwerkraft beflügelten Fahrt im Leerlauf kam schon eine Tankstelle in Sicht.

Die BP-Tankstelle mitten in Neudorf war sehr gepflegt. Sogar der Papierhandtuchspender war gefüllt, und Marko konnte die verschmierten Stellen, wo das Benzin hinausgetropft war, notdürftig reinigen. Es gelang ihm auch, den Schlauch so in die Manschette zu schieben, dass das Problem mithilfe eines an der Kasse ausgeborgten Schraubenziehers schnell gelöst war.

Der alte Mann an der Kasse strahlte ihn an: »So ein edles Teil schiebt man doch gern ein Stück, wa?«

»Meine eigene Schuld«, sagte Marko. »Ich habe gepfuscht.«

»Eine so gut erhaltene Primavera sieht man nur noch selten!«, ließ der Alte keine schlechte Stimmung aufkommen. »Ich hatte auch mal eine. In Grün! Ist aber lange her.«

Marko verabschiedete sich rechtzeitig, bevor wieder eine der Geschichten über die alten Zweiräder auf ihn einprasselte, die er zur Genüge kannte. Doch auch draußen hatten sich schon die ersten Bewunderer eingefunden. Zwei Typen mit dunklen Sonnenbrillen nahmen seine Vespa unter die Lupe. Obwohl sie kein Wort sprachen, erkannte Marko an ihrer Körperhaltung und an ihrer Kleidung, woher sie kamen. Trotz der Hitze trugen sie elegante Anzüge, als wären sie auf dem Weg zu einer Hochzeit oder kämen von einem Begräbnis. Die Vespa passte so gut zu ihnen wie die Sonnenbrillen und die auf Hochglanz polierten Stiefeletten.

Um seinen Landsleuten aus dem Weg zu gehen, machte Marko einen Umweg über das Tankstellen-WC. Seinen nach der Reparatur nur notdürftig mit den Papierhandtüchern gereinigten Händen konnte ein ausführlicher Waschgang nicht schaden.

Bei seiner Rückkehr ans Tageslicht stellte er fest, dass es nichts genützt hatte, sich so viel Zeit zu lassen. Im Gegenteil.

Der Jüngere der beiden hatte sich inzwischen auf die Vespa gesetzt.

Dreckige Pfoten. Flossen. Klauen. Schweinebratzen.

Marko Steiner blieb kurz stehen und beobachtete die beiden aus sicherem Abstand. Der Idiot, der auf der Vespa posierte, hatte ein pickeliges Milchgesicht und war viel jünger als der bullige Glatzkopf an seiner Seite. Statt Hemd und Krawatte wie der Jüngere trug der Glatzkopf ein rotes T-Shirt unter seinem zu engen Sakko. Er war doppelt so breit wie der Junge, einen Kopf kleiner, und seine Glatze war mit mehreren Tattoos verziert.

Marko hörte, wie das Pickelgesicht zu dem neben der Vespa stehenden Glatzkopf auf Italienisch sagte: »Wir nehmen sie gleich mit.«

Während er sich den beiden näherte, setzte er den Helm auf.

»Gehört dir?«, fragte der Glatzkopf ihn auf Deutsch.

Marko nickte. Mit dem Helm fühlte es sich an, als würde er einen Kopfstoß einleiten. Er sah sich in der Sonnenbrille seines Gegenübers. Sie hatte so breite Bügel, dass die Augen auch von der Seite abgeschirmt waren. Er hatte nicht nur die Statur eines Boxers, auch sein rotes T-Shirt zeigte ein Bild des legendären Champions Primo Carnera.

»Wie viel?«, fragte er Marko.

»Sag ihm, wir zahlen mehr, als der Schrott wert ist«, rief das Pickelgesicht dem Boxer auf Italienisch zu. Er trug eine rahmenlose Sonnenbrille mit goldenen Bügeln. Am oberen Rand des rechten Glases war der Name GUCCI eingraviert.

»Ich zahl ihm einen Tausender und basta.«

»Ich muss jetzt weiterfahren«, sagte Marko und deutete dem

Hanswurst mit der Gucci-Brille, dass er sich von seiner Vespa verziehen solle.

»Wie viel?«, fragte der Boxer auf Deutsch. »Ich kaufe.«

»Ist nicht zu verkaufen«, sagte Marko und klappte das Visier seines Helms zu.

»Tausend.«

Marko schüttelte den Kopf und griff nach dem Lenker. Der Depp machte aber keine Anstalten abzusteigen.

Der Boxer klappte Markos Visier hoch und sprach wie durch das Sprechfenster eines verglasten Amtsschalters in den Helm hinein: »Tausendeinhundert!«

Da das enge Sakko sich mit der Streckbewegung weiter öffnete, konnte Marko Steiner das italienische Zitat unterhalb des Boxerporträts auf der breiten Brust seines Gegenübers lesen: »La vita è merda, pugni e sangue. Nessuno ti regala niente.«

Er musste lachen.

»Was lachst du? Kriegst du tausendeinhundert Euro für alte Schrottvespa und Pizza auf Lebenszeit in Pizzeria da Bruno.«

»Wo ist die Pizzeria?«

»Gleich hier um die Ecke. Mülheimer Straße 46 – beim Bahnhof«, sagte der Junge.

»Ich wohne nicht hier, da hab ich nichts von«, erklärte Marko ihm und tat, als würde er das Pickelgesicht nicht verstehen, das auf Italienisch kommentierte: »Der Idiot kapiert nicht, was los ist!«

Der Glatzkopf griff in die Innentasche seines Sakkos und zog eine goldene Spange heraus, die ein Bündel Geldscheine zusammenhielt. Mit jener selbstverständlichen Fingerfertigkeit der grobschlächtigsten Männer, die Marko seit seiner Kindheit vertraut war, zählte er blitzschnell elf Hunderter ab und hielt sie ihm hin: »Letztes Angebot. Nimm es. Wir brauchen. Ist für Geburtstagsgeschenk.«

Marko nickte und sagte zu dem Jungen, er solle in der Tankstelle einen Schraubenzieher holen, um das Kennzeichen abzuschrauben. In dem Moment, wo er abstieg, schwang Marko sich auf die Vespa und fuhr davon. Trick 17, memorierte er und verfluchte die Tatsache, dass die Primavera keine Rückspiegel hatte. Kunstgriff. Kniff. List. Richtiger Dreh. Gewusst, wie!

Zehn Stunden später wurden in der Pizzeria da Bruno in der Mülheimer Straße 46 sechs Menschen erschossen. In allen Nachrichtensendungen war es der Aufmacher. Die Familie war zu einer Geburtstagsfeier in dem italienischen Restaurant zusammengekommen. Nach Mitternacht verließ die Feiergesellschaft die Pizzeria, um in zwei Autos nach Hause zu fahren.

»Das Geburtstagskind überlebte seinen 18. Geburtstag nicht. Marko Tomaso saß in dem blauen VW-Golf mit Pforzheimer Kennzeichen, der ebenso von Kugeln durchsiebt wurde wie der weiße Opel-Lieferwagen mit Duisburger Kennzeichen. Sechs Tote sind das Ergebnis dieser grausamen Tat. Allesamt Männer aus Kalabrien.«

Auf einem Foto konnte man das T-Shirt eines der Toten erkennen. Es zeigte das Gesicht des Boxers Primo Carnera. Die Nachrichtenmoderatorin zitierte den Spruch mit Leichenbittermiene auf Deutsch: »Das Leben besteht aus Scheiße, Blut und Fäusten. Niemand schenkt dir etwas.« Dann schaute sie Marko Steiner wieder an, als ob er etwas verbrochen hätte.

Das T-Shirt führte die Fahnder auf die erste Spur. Ein Tankwart erkannte es wieder. Beflissen machte er seine Aussage. Auf seiner Überwachungskamera sah man, wie zwei der Ermordeten mit einem unbekannten Vespa-Fahrer einen Deal abwickelten. Zum Glück hatte Marko den Helm getragen und die Vespa für die Reparatur weit genug zur Seite gestellt und so gedreht, dass das Kennzeichen nicht im Bild war.

Marko Steiner zerlegte seine Vespa in über hundert Teile und brachte sie zum Schrottplatz. Seine Rennräder und Ersatzteile verscherbelte er weit unter Wert an den dauerbekifften Schrauberkollegen von *Rad Gaga*. Fünf Tage nach dem Mord riskierte er es, zum Bahnhof zu fahren. Endlich befolgte er Falcones Rat und übersiedelte in die größte Stadt des Landes. Obwohl die Polizei das Attentat als italienische Angelegenheit auf deutschem Boden abtat, kontrollierten sie auch fünf Tage nach der Tat noch jeden einzelnen Passagier. Sie nahmen es so genau und näherten sich seinem Platz so langsam, dass Marko fast verrückt wurde. Um sich zu beruhigen, holte er sein Buch aus dem Koffer und begann zu lesen.

Eschers Vorhaben überlebte die Mittagspause nicht. Bevor diese vorbei war, hatte er es sich schon anders überlegt. Zwar wäre er das abgehobene Bargeld gern losgeworden, aber er ging nun doch nicht zu Frau Janko ins Geschäft. Während der Wartezeit war in ihm ein neuer Plan gereift. Escher wollte die Trauerrede beim Begräbnis des Elektrikers halten. So konnte er die Untat am besten loswerden. Nur kurz war es ihm als absurde Idee erschienen, weil er zu sehr mit dem Unglück verbunden war. Jetzt aber hielt er es doch für möglich. Unter gewissen Umständen. Man musste es nur richtig einfädeln. Am besten über einen Kollegen, ohne dass er sich selbst um den Auftrag bemühte.

Auftragstausch war bei den Trauerrednern keine Seltenheit. Passte ein Toter nicht gut in den Terminkalender, half man sich untereinander aus. Das Problem war nur, dass Escher nicht sonderlich beliebt war bei seinen Kollegen. Zwar gab es keinen offenen Konflikt wie mit dem pensionierten Lehrer Walcher, der Dumpingpreise anbot, oder dem Holländer Van Heel, der die Bestatter – über die kollektiv ausgehandelte Provision hinaus – schmierte. Aber seit seinem Roman über die Trauerredner begegnete man Escher mit Vorsicht. Und dabei war das im vorigen Jahrhundert gewesen! Doch die Älteren, die schon damals dabei waren, ließen ihn immer noch spüren, dass sie ihm nicht trauten. Auch die Jüngeren zeigten eine gewisse Reserviertheit gegenüber Escher. Er glaubte nicht einmal, dass diese Grünschnäbel noch etwas von seinem Buch wussten – so interessant war das Thema für den Klatsch auch wieder nicht. Eher hatte sich die Skepsis ihm gegenüber wortlos in den undefinierbaren Feinheiten des gegenseitigen Umgangs auf die nächste Generation übertragen. Möglicherweise war es auch sein eigenes Verhalten, das – die Skepsis erwartend – diese erzeugte. Vielleicht hatte sich die Ablehnung auch längst in Luft aufgelöst, und er empfand sie nur noch als Phantomschmerz.

Unmittelbar nach der Veröffentlichung war es aber alles andere als Einbildung gewesen. Seine Geschäfte waren wegen des Buches fast zum Erliegen gekommen. Einige Bestatter hatten ihn offen boykottiert, und wenn seine Reden nicht besser gewesen wären als die seiner in Routine erstarrten Kollegen, was eine ausreichende Mundpropaganda seitens der Trauerkundschaft einbrachte, hätte er sich nach einem anderen Job umschauen müssen.

Durch diese Erfahrungen vorsichtig geworden, beschloss Escher, statt seiner Kollegen zuerst einmal die Bestatter mit unterdrückter Telefonnummer und unter einem falschen Namen durchzutelefonieren. Er fing mit dem Bestatter Licht an, der, wie man unter Trauerrednern gern witzelte, nicht der Hellste war.

»Grüß Gott, Elektro Janko«, stellte Escher sich vor. »Ich hab eine Frage. Es geht um unseren verunglückten Mitarbeiter, der von Ihnen bestattet wird.«

»Name?«

Der Bestatter verlor die Fassung, als Escher zugab, den Namen des Toten nicht zu wissen. Er rufe nur für die Firma an, stotterte er. Der Bestatter fand aber nichts unter dem Namen der Firma, wurde nervös, rief ungeduldig etwas nach hinten, und Escher legte auf. Licht war immer schon ein seltsames Nervenbündel gewesen. Wozu übte man diesen Beruf aus, wenn er nicht zu einer gewissen Gelassenheit führte? Bei zwei weiteren Bestattern versuchte er es noch mit seiner unausgegorenen Methode. Doch auch diesen sagte der Name Elektro Janko nichts.

Escher sah ein, dass er sich etwas Besseres überlegen musste. Es war doch gescheiter, er fädelte es direkt über seine Kollegen ein. Am besten kannte er natürlich Mag.art Nellie Wieselburger. Sie bat er aber nicht gern um einen Gefallen. Es war ein bisschen verzwickt mit ihr. Sie war damals die Einzige gewesen, die wirklich Grund gehabt hätte, gekränkt zu sein. Und ausgerechnet sie hatte entspannt reagiert und es ihn am wenigsten spüren lassen. Dadurch war eine Art Schuldverhältnis zwischen ihnen entstanden.

Sie hatte sich zwar lauthals darüber beschwert, dass sie in Eschers Buch Mag.art Mitzi Stiegl hieß, damit aber elegant alle anderen Probleme zur Seite gewischt.

»Mitzi für Nellie«, hatte sie ihm erbost vorgehalten, »das ist doch die reine Bösartigkeit. Das verzeih ich dir nie, Escher.«

Hinter diesem übertriebenen Donnerwetter spürte man die Versöhnungsbereitschaft schon heraufziehen. Jedenfalls war es weitaus harmloser als die säuselnden Informationen der Kollegen, die ihm zutrugen, der Name Mitzi sei gar nicht der Grund für Nellie Wieselburgers Verärgerung. Sie gebe es nicht zu, aber das Kränkende sei doch der Nachname Stiegl. Jeder verstehe doch, dass die Romanfigur nach dem Stieglbier getauft ist, um auf das Wieselburgerbier anzuspielen. Es sei doch klar, dass eine Kunsthistorikerin mit ihrem Familiennamen lieber das wappenfähige Landadelspotential von »Burg« und »Wiesel« assoziiere als den faden Biergeschmack. Nicht Mitzi, sondern Stiegl sei das wahre Problem.

Die eine Beschwerde war Escher so sinnlos vorgekommen wie die andere. Wahrscheinlich war es einfach so wie bei jedem Streit. Man redet über alles, außer über das, worum es eigentlich geht. Niemals hat Nellie sich darüber beschwert, dass Escher ihre Trauerreden in seinem Roman als substanzlos und effekthascherisch hinstellte. Da hätte sie doch mit vollem Recht beleidigt sein können. Seine Formulierung »stets aus denselben Trauerbausteinen zusammengeschustert« schien an ihr völlig abgeperlt zu sein. Auch hatte er sich nicht verkneifen können, der Romanfigur Mitzi bei jedem zweiten Satz Nellies Lieblingsbegriff in den Mund zu legen. Empathie! Escher hatte den Begriff »Empathie« sogar zum ersten Mal in seinem Leben von seiner Kollegin Nellie Wieselburger gehört. Bald stieß er an jeder Straßenecke darauf. »Empathie« begann zu grassieren. Wahrscheinlich bestand ein direktes Verhältnis zum gleichzeitigen Aussterben dessen, was der Begriff bezeichnet. So ließ sich auch erklären, warum »Empathie« ausgerechnet von jenen Menschen bei jeder sich bietenden Gelegenheit im Mund geführt wurde, die über das Mindeste nicht verfügten, nämlich über ein normales menschliches Mitgefühl. Bei jeder Gelegenheit schwangen die emotional Verkrüppelten ihre Krücke »Empathie« über dem Kopf, und Nellies Trauerreden kamen nie ohne diesen Begriff aus. So war das eben, und so stand es auch in seinem Buch. Ein Kritiker merkte sogar positiv an, hier handle es sich um eine gelungene Polemik. Es war allerdings keine Polemik, sondern eine schlichte Tatsache.

All das hatte Nellie ihm aber nie zum Vorwurf gemacht. Mit keinem Wort erwähnte sie, dass er ihre Trauerreden als »aus Trauerbausteinen zusammengeschustert« bezeichnet und sie als herzlosen Empathie-Automaten hingestellt hat. Ausschließlich über den Namen Mitzi hatte sie sich aufgepudelt. Es tat ihm dann auch leid, dass ihr bei den Kollegen auf ewig der Spitzname Mitzi hängenblieb. Bei 347 verkauften Exemplaren eigentlich ein erstaunlicher Effekt.

Zum Glück war das alles lange her und schon sehr viel Gras über die Sache gewachsen. Gletscher waren die Donau hinuntergeflossen, Gräber waren ausgehoben und wieder aufgelassen worden, und Escher beschloss, es zu riskieren. Vielleicht ging die Empathie mit Nellie Wieselburger durch, und sie half ihm. Zu seiner Verwunderung hatte er ihre Handynummer nicht mehr gespeichert. Auf ihrer Website sprang sie einem aber sofort ins Auge. Escher wurde allerdings von der visuellen Gestaltung der Seite abgelenkt. Bevor er die Nummer eintippte, musste er sich zuerst einmal davon erholen, dass ausgerechnet die *Madonna mit dem langen Hals* Nellies Seite zierte. Der war auch nichts zu blöd. Er fragte sich, ob es wirklich eine kluge Idee war, gab sich dann aber doch einen Ruck und rief sie an.

»Das ist die Kontaktnummer von Trauerberatung Magister Nellie Wieselburger«, empfing ihn die Mailbox mit ihrer Stimme. »Da ich momentan nicht ans Telefon gehen kann, rufe ich Sie gern zeitnah zurück. Wenn Sie mir eine Nachricht hinterlassen wollen –«

Escher legte auf, ohne eine Nachricht zu hinterlassen. Bei dem Begriff »Trauerberatung« verging ihm schon alles. Und was sollte »zeitnah« überhaupt heißen? Er betrachtete die *Madonna mit dem langen Hals*, die er schon so oft zusammengesetzt hatte, und überlegte, ob er die Nummer noch ein zweites Mal wählen sollte. Er war sich aber ziemlich sicher, dass sie ihn auch so bald zurückrufen würde. Und während er auf ihren Anruf wartete, konnte er noch ein paar Seiten lesen.

Die Schrebergartenhütte, in der Marko seine neue Radwerkstatt ohne Namen eröffnete, war so weit vom Zentrum der riesigen Hauptstadt entfernt, dass er das Gefühl hatte, aufs Land gezogen zu sein. Die Hütte verwandelte sich wie von selbst zu einer Fahrradwerkstatt. Und nach einer kurzen Anlaufzeit, die ihm sehr recht war, fanden sich auch wieder Kunden ein. Der neueste Trend auf dem Fahrradmarkt kam Markos Fähigkeiten sehr entgegen. Er restaurierte keine alten Rennräder mehr, sondern spezialisierte sich auf E-Bikes. Marko Steiner liebte Elektromotoren. In seinem früheren Leben hatte er unzählige Elektromotoren aus- und um- und eingebaut. Für den Boss der Bosse hatte er nicht nur die Drohne gesteuert, die seine Flucht ermöglichte. Auch das Versteck, in dem der Boss seither wohnte, war durch seine Überwachungssysteme besser gesichert als das sicherste Gefängnis.

Sein Ruf als E-Bike-Zauberer sprach sich schnell herum. Unter E-Bike-Freaks genoss das Steiner-Tuning bald einen ähnlich mythischen Ruf wie Schnitzer, Abarth oder AMG bei den Couchpotatoes in ihren Vierrad-Wohnzimmern. Vierräder hatte Marko Steiner schon immer verachtet. Als eines Tages eine Frau bei ihm auftauchte, die ein Problem mit ihrem zehn Jahre alten Golf hatte, winkte er gleich ab: »Autos mach ich leider nicht.«

Erstens war es schon Abend, zweitens rührte Marko grundsätzlich kein Auto an, und drittens änderte daran auch die Tatsache nichts, dass diese Frau eine gewisse Ähnlichkeit mit Isa Neri hatte, Falcones Assistentin, die zu Markos Leidwesen eines Tages nach Rom gezogen und für immer aus seinen Augen verschwunden war.

»Ich hab nur ein Problem mit der Alarmanlage.«

Viertens mochte er ihre überlegene Art nicht. Selbstbewusst. Siegessicher. Forsch forscher am forschesten. Frech frecher am frechsten. Oder am frechesten?

Fünftens hatte er es noch nie gemocht, wenn eine so dastand, als wäre sie Isa Neri persönlich.

»Autos mach ich leider nicht«, wiederholte er ruhig.

»Die Alarmanlage ist ja eigentlich nicht Auto«, verhandelte sie. »Die ist Elektro.«

Sechstens war bei ihm Endstation, wenn jemand glaubte, ihm erklären zu müssen, was Elektro war.

Er bemühte sich, sie nicht anzuschauen, und fixierte missbilligend ihren Golf. Er musste sich in Acht nehmen. Obwohl sie jünger war als Isa Neri, war ihr Gesicht irgendwie altmodischer. Sie sah ein bisschen so aus, wie früher die Frauen ausgesehen haben. Bei ihm zu Hause. Und sie war auch nicht forsch im eigentlichen Sinn. Sie hatte nur diese Art. Siebtens rührte er noch lange kein Vierrad an, nur weil eine Frau diese Art hatte.

»Nee«, sagte er und wandte sich wieder dem E-Bike zu, das er eigentlich erst am nächsten Morgen fertig machen wollte.

»Nee?«

Er schüttelte den Kopf.

Sie lachte.

Achtens: Auch nicht, wenn eine so lachte.

Ohne von dem Bike aufzusehen, sagte er: »Alarmanlage – bei soner Arbeit wird man verrückt. Ich kann ja gar nicht unten ran. Ich hab keine Grube.«

»Georgi sagt, du kannst alles.«

Neuntens war er für Schmeicheleien noch nie empfänglich gewesen. Nicht einmal dem Boss der Bosse hatte er geglaubt, dass er noch nie so ein Kunstwerk wie die Augenkamera in der steinernen Madonna gesehen hat.

»Georgi?«

»Georgi sagt, du kannst zaubern.«

»Ich kenn keinen Georgi.«

»Na der wird sich freuen, wenn er das hört. Georgi von *Teile und Herrsche*!«

Es stellte sich heraus, dass sein Kontakt beim Ersatzteillieferanten *Teile und Herrsche* Georgi hieß. Für Marko war er nur »office« von *Teile und Herrsche*, für sie aber war es Georgi, der Bruder ihrer Freundin.

»Meine Freundin sagt, sprich doch mit Georgi. Und Georgi sagt, sprich doch mit Marko Steiner.«

»Georgi heißt der Typ?«

»Die beschissene Alarmanlage macht mich noch verrückt!«

»Wenn ich anrufe, meldet er sich immer mit Hans-Georg.«

»Ja klar, Georgi, Hans-Georg ist doch dasselbe. Nur, dass Georgi nicht so bescheuert klingt wie Hans-Georg.«

»Und wie heißt du?«

»Hab ich schon gesagt. Gabriele.«

Marko Steiner lachte.

»Was gibts da zu lachen?«

»Klingt auch bescheuert.«

Er war mit dieser Antwort zufrieden. Marko wusste, dass er ihren Namen nicht wiederholen durfte. Worte, die es in seiner alten Sprache auch gab, waren immer ein Problem. Er hatte sich zwar längst daran gewöhnt, dass hier die Frauen den Männernamen Gabriele trugen, aber er konnte unmöglich ein deutsches »Gabchiele« aus seiner Kehle würgen wie ein Vogel, der für den Nachwuchs die Würmer ins Nest spuckte. Es war einfach, ein altes Fahrrad auf ein E-Bike umzurüsten, aber es war unmöglich, sich von seiner Cousine Annunziata-Gabriela, deren Vater Salvatore in die Tiefgarage der Schule eingemauert war, auf ein erwürgtes Rachen-Gabriele umzustellen.

»Du kannst Gabi sagen.«

Er sagte gar nichts. Gabi passte nicht zu ihr. Annunziata hätte gepasst.

»Ich mache E-Bikes. Ich entferne keine Alarmanlagen«, sagte er. »Du musst zu einem Autoelektriker gehen.«

»Ich war schon bei drei Autoelektrikern!«, fuhr sie ihn an. »Sie wollen die Alarmanlage nicht ausbauen. Es ist ihnen zu viel Arbeit! Sie sagen, das ist mehr Arbeit, als die Karre wert ist.«

»Ja«, sagte Marko. »Das stimmt leider.«

»Und was soll ich jetzt machen?«

Marko analysierte. Die Alarmanlage war ihr Problem. Gabi war sein Problem.

»Beim geringsten Windstoß geht die los!«

Weil Marko nur stumm nickte, sang sie ihm die ganze Oper vor: Schon zweimal sei sie in der Nacht von der Polizei herausgeläutet worden, weil ihr Golf einmal um zwei Uhr, einmal um halb vier Uhr früh die ganze Straße geweckt habe. Und niemand wolle ihr die Alarmanlage ausbauen. Jeder Autoelektriker sage dasselbe. Es sei das Wesen einer Alarmanlage, dass man sie nicht ausbauen kann. Jedenfalls nicht ohne allergrößten Aufwand. Viele Stunden benötige man dafür. Die Alarmanlage sei über ein Kabelnetzwerk spinnenartig an allen möglichen und unmöglichen Stellen des Fahrzeuges verankert. Eine nervtötende Arbeit, Stunden, während denen die Ohren ohne Unterlass von der Alarmanlage zugedröhnt würden. Man könne nichts machen.

»Jens hat auch gesagt, wenn es einer macht, dann Marko.«

»Wer ist Jens?«

»Na, *Sparepartner* Jens.«

»Ich kenne den nur als *Worldwide Sparepartner J.*«

»Ja, J steht für Jens. Ist mein Exfreund. Er hat früher mit Georgi *Teile und Herrsche* gemacht. Sie haben sich zerstritten. Jetzt macht er *Sparepartner Jens*, und Georgi ist *Teile und Herrsche.*«

»*Sparepartner J*«, korrigierte Marko sie. »Nicht Jens. *Worldwide Sparepartner J.*«

»Jaja, dieser Angeber. Das *Worldwide* ist doch nur, um Georgi zu ärgern. Aber ich komm mit beiden gut aus. Sie sind eben zu unterschiedliche Typen. Oder zu ähnliche, wie man's nimmt. Aber sie haben beide gesagt, ich soll die Autoelektriker vergessen. Sie sagen, du kannst es.«

Marko Steiner legte das Werkzeug auf den Boden, verschränkte die Arme und hielt eine Rede: »Am besten wäre, du mietest dir eine Garage. Da ist das Auto nicht dem Wind ausgesetzt. Und in der Nacht können sich keine Besoffenen anlehnen. Und wenn sie mal losgeht, ist es auch nicht so schlimm in der Garage.«

Er beobachtete, wie der interessante Vorschlag von ihr verarbeitet wurde. Miete dir eine Garage. Gabchiele. Er könnte Gabi sagen. Aber er hätte lieber anders gesagt. Leider stammten alle Kosenamen, die zu ihr passten, aus seinem alten Leben. Schimpfwörter und Kosewörter. Sie fehlten in der neuen Sprache.

»Worüber denkst du nach?«, fragte sie.

Zehntens, dachte Marko. Zehntens. Er wandte die Augen von ihr ab und glotzte stumm ihren Wagen an, als würde er ihn durchleuchten. Zehntens.

»Willst du darauf warten oder später wiederkommen?«

»Was meinst du?«

Er sagte nichts.

»Heißt das, du machst es?«

Gabriele konnte in diesem Moment nicht wissen, dass sie die Fragen »was meinst du?« und »heißt das?« diesem Menschen in den folgenden Jahren noch sehr oft stellen würde.

Auf diese erste »Heißt-das«-Erkundigung antwortete Marko mit einem ganz leichten Anheben der Schultern und dem gleichzeitigen, im Prinzip unsichtbaren, im Millimeterbereich liegenden Schräglegen des Kopfes, als würde er Zweifel an seiner eigenen Entscheidung sowie an der Lösbarkeit der Aufgabe anmelden, was aber nichts daran änderte, dass er tatsächlich und dummerweise »ja« gesagt hatte.

»Heißt das, du kannst es gleich machen?«, fragte Gabi.

»Gleich?«

Marko schaute so nachdenklich, als müsste er die Frage lösen, warum dasselbe Wort bedeuten konnte, dass jemand aussah wie Falcones Assistentin Isa Neri, und dass man etwas sofort machte.

»Wie lang müsste ich denn da ungefähr warten?«

»Das kommt an«, sagte Marko, verbesserte sich aber augenblicklich: »Darauf. Es kommt darauf an.«

Sie bemerkte, dass sie ihn jetzt nicht mehr stören durfte. Er war schon bei der Arbeit. Er stemmte seinen rechten Fuß seitlich gegen den rechten Kotflügel ihres Autos. Schon beim ersten, sanften Stoß ging die fürchterliche Alarmanlage los.

»Mann! Wie ich diesen Lärm hasse!«, fluchte Gabi, nachdem sie mit ihrem Funkschlüssel für Ruhe gesorgt hatte.

Im selben Moment rammte Marko den Patienten mit einem kombinierten Hüft- und Ellbogenstoß, und wieder ging der Alarm los. Kaum hatte Gabi ihn abgestellt, ging er schon wieder los, weil Marko sich an der Dachreling hochzog.

»Soll ich abstellen oder laufen lassen?«

Es war so laut, dass er sie nicht verstand. Sie trat zuerst die Flucht an, entfernte sich ein paar Meter, doch da die Distanz und der Baum, hinter dem sie sich verschanzte, es auch nicht erträglicher machten, stellte sie den Lärm ab.

»Soll ich es laufen lassen oder abstellen?«

»Abstellen. Ich muss nur schauen.«

Er fasste das Auto an der Dachkante, zog es mit aller Kraft zu sich, schickte es dann zurück in die Arme der Schwerkraft, von wo es mit so viel Schwung zurückkam, dass er es etwas weiter zu sich ziehen und noch einmal weiter wegschupfen konnte. Gabi wunderte sich, dass dieser zarte Mann die Kraft hatte, ihr Auto zum Schwanken zu bringen. Wie ein Schiff im Sturm schaukelte das schwere Fahrzeug in seinen Händen. Es erinnerte sie an das berauschende Gefühl auf der Kinderschaukel, wo es nur darum ging, den Schwung exakt im richtigen Moment zu verstärken, um immer höher zu kommen.

Während Gabi von dieser Erinnerung gestreift und in eine andere Zeit versetzt wurde, vergaß auch Marko Steiner sich für einen Moment vollkommen.

»Mia cara«, flüsterte er dem in seinen Händen schaukelnden Blechkasten zärtlich und für die Kundin unhörbar zu, schaukelte mit langsam gesteigerter Kraft und flüsterte noch leiser: »Tesoruccio«, schaukelte noch kräftiger und formte die Lippen zu einem neckischen »Passerotto«, als die Alarmanlage ihn unterbrach.

Sobald Gabi, die Gabriele hieß, aber eigentlich Isa oder Annunziata heißen sollte, den Lärm abgestellt hatte, machte er sich wieder über das Fahrzeug her. Wenn es einmal den Schaukelrhythmus angenommen hatte, musste er kaum noch Kraft aufwenden. Fast war es, als hätte die Blechkiste wie das Meer einen eigenen Wellengang und würde ihn schaukeln.

»Amoruccio!«

»Principessa!«

Von selbst wurde das Schaukeln immer heftiger.

»Dolcissima!«

Man musste sich nur mit seinem Körper dem anschwellenden Schaukelrhythmus hingeben.

»Pupa mia!«

»Piccola mia!«

»Angioletto!«

»Sciatu meu!«

»Sangu miu!«

Bis der eineinhalb Tonnen schwere Körper sich zu einer Leichtigkeit aufgeschaukelt hatte, dass die Alarmanlage zu singen anfing.

»Es kommt darauf an, ob ich die Alarmanlage beim Ausbau kaputt mache, oder ob du sie funktionstüchtig erhalten willst«, beantwortete er ihre Frage doch noch. »Wenn du sie verkaufen willst, kannst du vielleicht dafür auf eBay noch –«

»Zerstör das Teufelszeug«, sagte sie mit tödlichem Ernst.

Marko musste lachen.

Noch Jahre später behauptete er: »Das war der Moment, wo ich mich in dich verliebt habe. Wo du voller Wut ›Teufelszeug‹ gesagt hast.«

Seine Behauptung war allerdings eine Lüge. Es klang gut, aber es war eine Erfindung. Vielleicht war es einfach Wunschdenken. Um weniger wehrlos vor sich selbst dazustehen. Er wusste genau, dass er sich verliebt hatte, als sie aus dem Auto stieg und »hallo« sagte. Für Gabi war es eine klare Sache, wann sie sich verliebt hatte. Nicht in dem Moment, wo er »hallo« sagte. Sie hatte sich erst eineinhalb Stunden später verliebt, als sie gemeinsam überprüften, ob die Alarmanlage auch bei heftigstem Autoschaukeln nicht mehr losging. Nicht einmal bei einem jede EU-Norm bei Weitem übersteigenden Belastungstest durch zwei in den beengten Räumlichkeiten eines VW Golf den exakten Schaukelpunkt kein einziges Mal verfehlende Körper.

Nach dem Schaukeltest (für einen Moment dachten sie beide, der Alarm wäre wieder losgegangen, aber es war nur eine akustische Täuschung) machten sie die ernüchternde Erfahrung, dass man danach etwas reden musste.

»Du darfst mich nie was fragen«, sagte Gabi.

»Du mich auch nicht.«

»Lass uns was essen gehen. Ich hab einen Wahnsinnshunger!«

»Kohldampf«, sagte Marko. »Bärenhunger. Sich den Magen vollschlagen.«

»Ganz genau.«

»Ich muss zuerst hier aufräumen.«

Die tausend Kabelteile der Alarmanlage waren immer noch über den Boden verstreut, und es störte ihn, wenn es unordentlich war.

»Ich kann dir ja helfen.«

»Nein!«

Sie konnte noch nicht wissen, dass für Marko Hilfe und Störung bei der Arbeit ein und dieselbe Sache waren.

»Ich bin gleich fertig. Mach es dir inzwischen bequem.«

»Du hast dein T-Shirt verkehrt an. Doppelt verkehrt! Innenseite außen und Vorderseite hinten!«

Erleichtert stellte sie fest, dass dieser Mensch auch über sich selbst lachen konnte.

Er bot ihr seinen winzigen Sitzplatz in der Werkstatt an, und weil das Aufräumen doch etwas länger dauerte, als er angekündigt hatte, schaute sie sich in seiner seltsamen Mischung aus Werkstatt, Campingheim und Schrebergartenhütte um. Viele Geheimnisse schien dieser sehr ordnungsliebende Mensch nicht zu haben. Neben den Werkzeugen und einer Lade voller Stifte, Isolierbänder, Gummiringe, Bleistifte und Büroklammern fanden sich nur ein paar Rechnungen und eine Preisliste von *Teile und Herrsche.* Auf dem Fensterbrett gammelte ein Buch vor sich hin. Da er draußen immer noch am Umräumen war, blätterte sie hinein. Dort, wo ihr Retter ein Eselsohr gemacht hatte, begann sie zu lesen.

Der Trauerredner Escher saß auf einer Parkbank und wurde von seiner Kollegin zurückgerufen.

»Na?«, begrüßte die Anruferin ihn.

Escher hasste dieses »Na?«. Sie musste sich ja nicht unbedingt mit ihrem Namen melden, wie er es getan hatte. Vielleicht konnte man das altmodisch finden. Aber »na?« war auf jeden Fall von allen Möglichkeiten die blödeste.

»Eine schöne Website hast du«, sagte er.

Natürlich hätte er so tun können, als wüsste er nichts von dem Bild auf ihrer Seite. Das wäre auf jeden Fall besser gewesen. Aber dem blöden »na?« musste er schließlich irgendwas entgegensetzen.

»Ich weiß«, sagte sie so neutral, als hätte die *Madonna mit dem langen Hals* überhaupt nichts mit ihnen zu tun.

»Eigentlich hast du gar keinen langen Hals«, sagte Escher. »Du hast einen schönen Nacken. Das triffts besser.«

»Ich weiß«, sagte sie. »Was kann ich für dich tun?«

»Ich wollte dich was fragen«, sagte Escher.

Sie lachte spöttisch.

»Aber jetzt willst nicht mehr?«

Wie ihm diese Art auf die Nerven ging! Dieser schnippische Görenhumor! Aber es gelang ihm, seinen Ärger hinunterzuschlucken: »Doch. Klar. Aber es ist ein bisschen. Es ist eigentlich ganz harmlos, aber es ist ein bisschen kompliziert. Also harmlos ist es auch nicht, aber –«

»Ist es komplex oder kompliziert?«

»Es ist eigentlich gar nicht kompliziert.«

»Versuchs einfach. Ich hab eine schnelle Auffassungsgabe.«

»Ja«, sagte Escher und verzichtete darauf, ihr zu erklären, dass die Leute mit der schnellen Auffassungsgabe für diese einen hohen Preis bezahlen würden, weil sie die Dinge zwar immer schnell verstanden, aber nie richtig checkten. Doch darüber hatten sie schon einmal eine halbe Nacht lang gestritten. Also wozu noch einmal damit anfangen. Sie würde es ja doch nicht checken.

Stattdessen erzählte er ihr ohne Umstände von dem Todesfall in seiner Wohnung.

»O mein Gott!«, rief Nellie aus.

»Hast du in letzter Zeit viele amerikanische Fernsehserien geschaut?«

»Warum?«

»Eigentlich gibt es im Deutschen den Ausruf ›O mein Gott!‹ nicht. Es ist nur eine Falschübersetzung von ›Oh my god!‹ in den Netflixserien.«

Dabei bemühte er sich, »Oh my gaaaad!« möglichst idiotisch klingen zu lassen.

»Das stimmt nicht«, entgegnete Nellie Wieselburger. »Ich hab immer schon ›O mein Gott‹ gesagt. Lang vor Netflix. Ich schau sowieso nicht Netflix. Und wenn, würde ich die Originalfassung schauen!«

»Dann hast es eben indirekt aufgeschnappt.«

Die unbeherrschte Wollust, mit der er ihr dieses minderbemittelte »aufgeschnappt« unterjubelte, erschreckte ihn. Schließlich wollte er etwas von ihr. Im Bemühen, den Fehler wiedergutzumachen, unterlief ihm gleich der nächste: besserwisserisches Dozieren.

»Wegen der Lippensynchronizität ist es ja nachvollziehbar, dass sie es so übersetzen. Aber im normalen Leben existiert kein ›O mein Gott!‹ im Deutschen. Früher hat niemand ›O mein Gott!‹ gesagt. Kein Mensch! Wenn einem früher etwas

Angst gemacht hat, dann hat man ausgerufen: ›O Gott!‹ Aber wenn man genervt oder ungehalten war, was eine völlig andere Situation ist, dann hat man ausgerufen: ›Mein Gott!‹ Mit Betonung auf dem Mein. ›MEIN Gott!‹, hat man ausgerufen, wenn einen etwas gefuchst hat. ›MEIN Gott‹. Oder eben, wenn man schockiert war, ›O GOTT!‹ Betonung auf Gott! Aber ›O mein Gott!‹ hat keiner gesagt. Niemand!«

»Mein Gott!«, schnaufte Mag.art Nellie Wieselburger ins Telefon mit Betonung auf dem Mein.

»Es ist eine Vermischung von zwei völlig unterschiedlichen Äußerungen. Unlängst hab ich einen Sportkommentator gehört, der hat gesagt: Wir müssen das Heft des Handelns wieder in die Hand nehmen.«

»Naja, aber das geht wirklich nicht«, stimmte die großherzige Nellie ihm sofort zu. »Man nimmt das Heft in die Hand, das ist der Schwertgriff. Das hat mit dem Gesetz des Handelns nichts zu tun.«

»Eben. Und ›O mein Gott‹ ist genauso.«

»Und was ist mit: ›O mein Gott, verzeih uns unsere Sünden, bewahre uns vor dem Feuer der Hölle, führe alle Seelen in den Himmel, besonders jene, die am meisten deiner Barmherzigkeit bedürfen‹?«

Als Trauerredner kannten die beiden sich mit Gebeten aus. Nellie war nur ein kleiner Fehler in der Argumentation unterlaufen. Escher war froh über diese Chance, seine Rechthaberei zu beenden. Er brauchte ihr nur den kleinen Triumph mit dem Gebet zu gönnen, um doch noch eine gute Gesprächssituation für sein Anliegen herzustellen.

»Es heißt ›O mein Jesus, verzeih uns unsere Sünden.‹ Nicht ›O mein Gott‹«, hörte er sich sagen. Er konnte es nicht glauben, wie klein er immer wurde, wenn er sich mit dieser Wieselburger unterhielt. Mit dieser Nellie ist noch nie ein Gespräch irgendwie normal gelaufen.

Sie lachte, als wüsste sie, dass er es eigentlich nicht sagen wollte, es aber nicht geschafft hat, das Maul zu halten. Es war Jahre her, seit sie ihm ein paar Dinge an den Kopf geworfen hatte – Ansichten und Meinungen, psychologisierenden Quatsch. Seither wusste er eigentlich, dass er bei ihr auf der Hut sein musste, und gerade deshalb lieferte er ihr dauernd Bestätigungen für ihre Vorurteile. Weil ihn schon allein ihre Art provozierte.

»Hast du mich deshalb angerufen?«, fragte sie gut gelaunt. »Um mir das zu erklären?«

»Also, es ist so. Ich würde gern die Rede halten bei seinem Begräbnis.«

»Von dem Elektriker?«

»Ja klar. Aber ich fürchte, das will die Witwe nicht.«

»Wieso nicht?«

»Naja, erstens bestellt sie ja vielleicht sowieso keine Rede. Und dann nicht ausgerechnet bei dem, der sie an das Unglück erinnert.«

»Und ich soll jetzt die Rede akquirieren und sie dann dir weitergeben, weil ich dann leider persönlich verhindert bin?«

Die schnelle Auffassungsgabe von Nellie Wieselburger sparte einem viele Erklärungen, das musste Escher zugeben.

»Ja, wenn du dir das vorstellen kannst.«

»Klar, wieso denn nicht? Würd ich auch machen wollen, wenn ich schuld wär am Tod von einem Handwerker.«

»Ich bin nicht schuld! Er hat die Sicherung nicht –«

Nellie lachte: »Kleiner Scherz, Eschi! Also wen soll ich anrufen?«

Er erklärte ihr, sie solle es am besten über die Firma versuchen. Elektro Janko. Die Chefin unterstütze die Witwe, und bestimmt sei sie auch bereit, das Honorar für eine Trauerrede zu übernehmen.

»Das Honorar krieg aber ich«, sagte Nellie.

»Von mir aus.«

»Du hältst die Rede wegen den Schuldgefühlen. Da kann man kein Honorar nehmen.«

»Ich hab keine Schuldgefühle.«

»Auch wenn du nicht direkt schuld bist, hast du doch Schuldgefühle. Hätte ich auch an deiner Stelle. Wenn du ihn nicht bestellt hättest, wäre er noch am Leben. Da hat man einfach Schuldgefühle.«

»Das lass ich mir nicht einreden. Aber das Geld kannst du gern haben.«

»Ich werde es einfach über meine Firma laufen lassen.«

»Firma«, sagte Escher wertfrei, obwohl er es lächerlich fand, einen Einpersonenhaushalt als Firma zu bezeichnen.

»Was?«

»Ja, über die Firma. Ist gut. Jetzt hast du deinen ersten Mitarbeiter.«

»Heute sagt man nicht mehr Mitarbeiter«, behauptete Nellie.

»Sondern?«

»Untergebener. Oder Sklave.«

»Ahaha«, sagte Escher leicht gedehnt, womit er ihren Schmäh halb gelten ließ, halb zurückschmetterte. »Ruf sie gleich an. Jetzt ist sie im Geschäft. Die Mittagspause ist gerade vorbei.«

»Mach ich.«

Während er sie noch bitten wollte, ihm dann sofort Bescheid zu geben, hatte sie schon aufgelegt. Das bedeutete wahrscheinlich, dass sie wirklich schon dabei war, bei Elektro Janko anzurufen. Sie hatte nicht nur eine schnelle Auffassungsgabe, sie war auch schnell entschlossen, und eins, zwei, drei, setzte sie die Dinge in die Tat um.

Escher dagegen war allein von dem Gespräch vollkommen erschöpft. Es war die Erschöpfung des Heimkehrers von einer Zeitreise in eine längst vergangene Existenzform, wo er noch planetenzerstörende Energie verschleuderte, um menschliche Kontakte zu Leuten wie Nellie Wieselburger zu pflegen.

Fünf Minuten später hatte Nellie immer noch nicht zurückgerufen. Auch nicht nach zehn Minuten. Er überlegte, ob er sie anrufen und drängen sollte. Ob er ein »Was ist jetzt?« ins Telefon schnaufen sollte. Besser war wohl, er wartete noch ein bisschen. An sich war er ja ein Mensch, der gut warten konnte. Vielleicht hatte sie die Chefin nicht gleich erreicht. Vielleicht war bei Elektro Janko dauernd das Telefon besetzt. Womöglich war Nellie Wieselburger in die Warteschleife von Elektro Janko geraten und kam nie wieder heraus.

Er griff noch einmal zu dem Buch, das neben ihm aufgeschlagen auf der Parkbank lag. Marko verriet Gabi nie, dass er unter einem Zeugenschutzprogramm stand, er verriet ihr nie, welche Worte er ihrem Auto zugeflüstert hat, er verriet ihr nie, dass ihn die Art und Weise schmerzte, wie sie »Gabriele« aussprach. Und sie verriet ihm nie, dass sie eigentlich gar nicht Gabriele hieß. So hatten sie beide ihre Geheimnisse, und weil es mit ihnen so gut lief, heirateten sie schon nach einem halben Jahr. Während dieses halben Jahres hatte Gabi ihn kein einziges Mal nach seiner Familie und nach seiner Kindheit gefragt. Nicht einmal nach seiner Lieblingsspeise. Schnell war Marko Steiner klar gewesen, dass es sich um die große Liebe handelte.

Der Wunsch, sie zu heiraten, wurde mit jedem Tag, an dem sie ihn nichts fragte, größer. Auch er fragte sie nichts außer, ob sie ihn heiraten wollte.

»Klar. Aber wen nehmen wir als Trauzeugen?«

»Georgi von *Teile und Herrsche*«, schlug Marko vor.

»Den nehme ich«, sagte Gabi. »Und du nimmst Sparepartner Jens. Dann müssen die beiden sich wieder vertragen.«

Die Trauung war unbeschwert und heiter. Nur Sparepartner Jens, der vor Kurzem erfahren hatte, dass für seine Allergie der Verzicht auf Bier und Wein unumgänglich war, hat es mit seiner »Gin-only«-Diät so übertrieben, dass er während der nächsten drei Tage weder Ersatzteilbestellungen aufnehmen noch Pakete versenden konnte. Dabei hatte er sich während der Hochzeitsfeier nicht viel anmerken lassen, abgesehen von den leichten Artikulationsproblemen bei Trinksprüchen auf seinen alten Freund, dessen Name vom Gin zu einem leichter über die Zunge rutschenden Schorschie verwaschen wurde. Man konnte den Eindruck gewinnen, Marko und Gabriele wären hier als Zeugen eingeladen für die große Versöhnungsparty der beiden. Davon, dass er sich mit Georgi versöhnt hatte, wusste Jens zwar am nächsten Tag nichts mehr, doch als er die besoffenen Fotos von der Feier bekam, gab es kein Zurück.

Auch Gabi und Marko feierten ausgelassen, hatten aber mit keinerlei Gedächtnislücken zu kämpfen. Und schon gar nicht kam es zu irgendwelchen Geheimnislücken. Weder vor noch nach noch während der Feier war einem von beiden etwas herausgerutscht. Marko wunderte sich nur, dass Gabriele seinen Familiennamen annahm. »Das musst du nicht für mich tun«, hatte Marko ihr noch am Morgen vor der Hochzeit klarzumachen versucht. »So ein altmodischer Kerl bin ich nicht.«

»Es gibt doch nichts Schöneres, als seinen Namen abzustreifen«, hatte Gabi ihm erklärt. Und irgendwie gefiel es ihm, dass der Name, den sie annahm, auch nicht sein richtiger Name war.

Dass Gabi und Marko Steiner eine harmonische Ehe führten, verstand sich von selbst. Weder sie fragte jemals, was denkst du, noch er fragte jemals, was denkst du. Weder sie sagte jemals, warum schaust du so, noch er sagte jemals, warum schaust du so. Im besten Sinn konnte man über diese beiden Eheleute sagen, dass sie sich nicht füreinander interessierten. Dass Gabi instinktiv spürte, wie gefährlich ein Herumstochern in seiner Vergangenheit wäre, faszinierte Marko. Es war die reine Liebe ohne sinnloses Interesse am anderen.

Gabi hatte eine Stelle bei einem der größten Industrieunternehmen der Welt. Maschinen oder Industriehallen voller Roboter hatte sie allerdings noch nie gesehen, denn sie arbeitete in der Beschwerdestelle. Marko liebte die Geschichten von ihrer Arbeit. Gabi konnte stundenlang von den kuriosen Vorfällen erzählen, die ihr im Lauf eines Tages in der Beschwerdeabteilung zu Ohren kamen. Als sie einmal selbst mit einem von der Firma hergestellten Produkt Probleme hatte, musste sie bei sich selbst anrufen, um die Beschwerde an ihre Kollegin am Computer nebenan weiterleiten zu können. Wenn sie nicht mehr an die Beschwerden denken wollte und den Ball an Marko weiterspielte, erzählte dieser am liebsten von den verschiedenen Läden und Märkten, in denen er für das Abendessen eingekauft hatte. Wie seine Großmutter, die an den Todestagen ihrer Söhne große Festmahle mit deren Lieblingsspeisen veranstaltete, sprach er niemals vom Kochen selbst, sondern nur von den Waren, die er ergattert hatte.

Da seine Gerichte angeblich alle aus dem Tessin stammten, musste er für sie neue Namen erfinden. »Canelloni Bellinzoni« war Gabis Lieblingsspeise, allerdings nur knapp vor »Locarno con Carne« und »Sprüngli in Boca« mit dem Salbeiblatt.

Zu jedem Abendessen teilten sie sich eine Flasche österreichischen Weißwein namens »Gemischter Satz«. Marko behauptete, von den italienischen Weinen Kopfschmerzen zu bekommen. Gabi zog es nie in Zweifel. Der Schweizer Wein, so Markos Urteil, ohne je einen Schluck probiert zu haben, mache die Menschen verstockt. Der Gemischte Satz hingegen mache gesprächig. Von Natur aus ein schweigsamer Mensch, betrachtete er den Gemischten Satz als Überlebenshilfe. Denn er wusste: Je mehr ein Mensch zu verbergen hat, umso mehr muss er reden. Mithilfe der Gemischten Sätze wurde ihnen miteinander nie langweilig. Und wenn es sein musste, erfand Marko Rezepte und Gabi Beschwerden.

Die Stillste in der Familie war ihre ein Jahr nach der Hochzeit geborene Tochter. Sie beschränkte sich darauf, die Dinge zur Kenntnis zu nehmen. Wenn ihre kindliche Natur sie zwang, Fragen zu stellen, gab sie sich schnell mit einer Antwort zufrieden und machte sich ihre Gedanken. Fragte sie ihren Vater, wie er etwas hingekriegt habe, tat sie es nur wegen des stillen Einverständnisses zwischen Tochter und Vater, dass er stets zu antworten habe: »Trick 17«.

Als ihre Mutter eines Tages auf der anderen Straßenseite einen Mann entdeckte und sich in Panik vor ihm verbarg, fragte Ala zwar, warum sie sich verstecken mussten, aber sie gab sich mit der erstbesten Antwort zufrieden. Ala war vier Jahre alt, und sie glaubte ihrer Mutter, dass es ein Mann war, der immer wieder in die Beschwerdeabteilung kam und allen auf die Nerven ging.

»Wir müssen umziehen«, erklärte Gabi am Abend nach diesem Erlebnis ihrem Mann.

Marko fragte nicht, wieso. Ala sagte nichts über den Mann am Nachmittag.

»Wohin?«, fragte Marko.

»Egal wohin, nur weg aus dieser Stadt. Am besten in ein anderes Land. Ich halte es hier nicht mehr aus.«

»Wenn du in ein anderes Land ziehen willst, ist es jetzt noch günstig«, analysierte Marko. »Unsere Tochter kann die neue Sprache noch mühelos lernen, bevor sie in die Schule kommt.«

»Es muss ja nicht gleich ein Land mit einer anderen Sprache sein«, wandte Gabi ein. »Wie wäre es mit deinem Heimatland?«

»Was?«

»Wir könnten doch in die Schweiz ziehen.«

»Nein«, sagte Marko, und er war froh, dass er eine Frau hatte, die nicht fragte »Warum nicht?«

Da Marko am Herd stand und das Essen schon gar wurde, hatte er nicht viel Zeit zu überlegen. Er wollte das Problem gelöst haben, bevor sie am Tisch saßen. Als er die Weinflasche aus dem Kühlschrank nahm, wusste er das Ziel: »Wie wär's mit dem Land, aus dem der Gemischte Satz kommt?«

»Einverstanden«, sagte Gabi.

Drei Tage später waren sie unterwegs Richtung Süden, in das Land der gemischten Sätze. Mitgenommen wurde nur, was in Gabis alten Golf passte. Es war nicht nur schön, seinen Namen abzustreifen, es war auch eine Wohltat, die Dinge zurückzulassen. Nur das Wenigste musste wirklich mit.

Nachdem Marko vor der Abfahrt die letzten Schachteln zerkleinert und in die Altpapiertonne gestopft hatte, warf er auch das Buch noch hinterher, das der Junkie Sven ihm geschenkt hatte.

»Das hab ich ja noch gar nicht ausgelesen«, sagte seine Frau.

»Ich auch nicht.«

Kurz entschlossen holte sie es wieder aus der Tonne und steckte es in ihre Handtasche.

»Wenn ich's in meine Tasche stecke, nimmt es im Auto keinen Platz weg«, erklärte sie ihrem Mann.

»Deine Mutter kann zaubern«, sagte Marko zu Ala.

»Trick 17«, sagte seine Frau.

Nach der zehnstündigen Fahrt Richtung Süden war Gabi sehr froh über das Buch. In dieser fremden Stadt war es so heiß, dass sie unmöglich einschlafen konnte. Noch um Mitternacht hatte es 26 Grad. Das Bett war ungewohnt, die Hitze war ungewohnt und die Geräusche waren ungewohnt. Während Marko und Ala schon tief schliefen, drehte Gabi sich von einer Seite auf die andere. Schließlich übersiedelte sie auf das Sofa im anderen Zimmer und begann zu lesen.

Escher stellte fest, dass ihm in der ganzen Aufregung der schlimmste aller Fehler unterlaufen war. Er hatte sich in ein Abhängigkeitsverhältnis zu Mag.art Nellie Wieselburger begeben. Es war nicht mehr möglich, ihre Anrufe zu ignorieren. Er musste jedes Mal rangehen, wenn sie anrief. Und natürlich rief sie nie in der Sache Elektro Janko an, sondern wegen irgendwelcher Dinge, die ihr gerade durch den Kopf gingen. Escher verstand nicht, wie ein Mensch so sein konnte. Die Bitte um einen kleinen Gefallen war doch keine Bewerbung um Leibeigenschaft.

Am Sonntag, den 3. Mai, um 14:35 Uhr aber übertrieb sie es endgültig. Sie rief an, und ohne jeglichen Vorwand sagte sie:

»Du, hast nicht Lust, auf einen Kaffee zu gehen?«

»Wieso?«, fragte Escher.

»Wieso!«, äffte Nellie Wieselburger seine neutrale Erkundigung nach, als wäre er der uncharmanteste Tölpel auf Gottes Erdboden. »Einfach so!«

»Hast was gehört von der Frau Janko?«

»Sie hat gesagt, sie ruft mich nächste Woche zurück. Heute ist erst Sonntag.«

»Was ist also?«

»Wieso, was soll sein?«

»Naja. Weil du anrufst.«

»Muss irgendwas sein, damit man auf einen Kaffee geht? Aber vergiss es.«

Da er sie nicht kränken wollte, griff er zu einer Notlüge, um seinen mangelnden Enthusiasmus zu erklären.

»Ich kann jetzt nicht. Ich bin gerade mitten in einem Puzzle.«

Nellie Wieselburger lachte laut und fröhlich: »Du spielst immer noch Puzzle?«

»Wieso nicht?«

»Ja brauchst nicht gleich eingeschnappt sein. Ich lach ja aus einem anderen Grund. Weißt nicht mehr?«

»Sicher weiß ich noch«, sagte Escher.

»Wahnsinn, wie lang ist das her?«, fragte Nellie Wieselburger.

»Lang.«

»Du, versteh das jetzt nicht falsch«, begann sie.

Escher hatte keine Freude mit Nachrichten, die mit dem Satz »Versteh das jetzt nicht falsch« begannen. Solche Sätze verstand man immer richtig, wenn man sie falsch verstand.

»Aber ich hätt echt Lust«, rückte Nellie Wieselburger gleich unverblümt mit ihrem Ansinnen heraus. »Wär doch nichts dabei, wenn wir wieder einmal ein Puzzle miteinander spielen. Irgendwie hat das was.«

Er mochte es nicht, wenn man »Puzzle spielen« sagte. Ein Puzzle spielte man nicht. Zusammenbauen oder machen, aber nicht spielen.

»Naja«, sagte er. »Damals hast mich zusammengepfiffen.«

Nellie Wieselburger lachte. »Kennst den Schmäh: Dass du so nachtragend bist, das vergess ich dir nie?«

»Der ist alt.«

Eine halbe Stunde nach dem Telefonat stand Nellie Wieselburger strahlend in seiner Tür. Ihr Lippenstift hatte fast dieselbe Farbe wie der Tortenkarton, den sie mit den Worten überreichte: »Ich hab uns was Süßes mitgebracht.«

»Kuchen?«, sagte Escher. »Den essen wir lieber nachher. Sonst haben wir pickige Hände beim Puzzle.«

»Ich mach dir schon nichts pickig.«

Escher bedauerte, dass er keine hundertteiligen Kinderpuzzles mehr besaß. Er hatte sogar einmal überlegt, alle Fünfhunderter auszusortieren, es dann aber doch nicht übers Herz gebracht. Und jetzt war er froh, dass er noch ein paar hatte. Fünfhundert Teile hatten den Vorteil, dass man sie noch auf dem Tisch auslegen konnte. Mit Nellie Wieselburger wollte er nicht unbedingt auf dem Boden herumkriechen.

Sie baute sich vor seinem riesigen Regal auf und staunte: »Du hast ja überhaupt keine Bücher mehr! Liest du nichts mehr?«

»Doch schon, aber die gelesenen Bücher schmeiß ich weg. Hier brauch ich den Platz.«

»Wahnsinn, dass es überhaupt so viele Puzzles gibt. Wie findest du dich da zurecht?«

»Da hab ich schon mein Ordnungssystem«, brummte er, ohne näher darauf einzugehen.

Escher bemerkte, dass er gemischte Gefühle hatte. Ein Zustand, der ihm grundsätzlich unangenehm war. Einerseits freute er sich, dass sie seine Sammlung bewunderte, andererseits empfand er es als unverschämtes Eindringen in seine Privatsphäre.

»Da drüben hast die ganzen Naturwunder«, analysierte Nellie Wieselburger, »Meeresbewohner, Weltall und so.«

»Naturwunder«, wiederholte Escher, sagte aber nicht, warum ihm der Begriff nicht passte.

»Und da Labyrinthe. Verrückt, so viele Labyrinthe. Und dort hast die Kunst.«

Sie wandte sich dem drei Meter breiten Regal mit den Kunstwerken zu und schüttelte den Kopf: »Ist ja irre, die halbe Kunstgeschichte als Puzzle. Wer stellt so was her? Das ist ja echt ein bisschen – ich pack das irgendwie nicht.«

»Such dir eines aus«, sagte Escher großmütig und öffnete gedankenverloren die Tortenschachtel, obwohl er das Süßzeug doch auf später verschieben wollte. »Aber nimm lieber eines von denen da unten. Da sind die mit fünfhundert Teilen. Das können wir auf dem Tisch machen. Dann müssen wir nicht auf dem Boden herumkriechen.«

»Das hat schon was, oder?«, lachte Nellie Wieselburger kindisch. »Soll ich dir meine Puzzlesammlung zeigen? Das ist wie mit der Briefmarkensammlung, oder?«

»Aus dem Alter bin ich heraus.«

»Na echt? Wie alt bist du eigentlich?« Escher kam nicht zum

Antworten, denn es war die klassische Nellie-Wieselburger-Art, nach einer Frage gleich weiterzureden: »Du, aber wieso 500 Teile? Wie viel haben die anderen?«

»Tausend.«

»Na, ich will schon ein richtiges mit tausend Teilen. Mir macht das nichts am Boden. Ich sitz daheim auch oft auf dem Boden.«

»Naja, aber nicht mit dem Bleistiftrock.«

»Bleistiftrock«, lachte sie auf. »Was du für Wörter kennst. Das ist kein Bleistiftrock!«

Sie suchte das Regal mit schräg gelegtem Kopf ab, und dabei fiel Escher wieder einmal ihr ausnehmend schöner Nacken auf. Wenn er ehrlich war, hatte sie den schönsten Nacken, den er jemals gesehen hatte. Eigentlich war es nicht der Nacken an sich. Es begann bei den Schultern und hatte auch viel mit dem Hinterkopf zu tun. Vermutlich war es die architektonische Gesamtkonstellation. Es war etwas Abstraktes, etwas Abwesendes, die Kurve, losgelöst von den positiven Teilen, die sie bildeten. Escher hoffte nur, dass sie nicht ausgerechnet das Puzzle *Madonna mit dem langen Hals* herauszog, um die alte Geschichte wieder aufzuwärmen. Im längst verramschten Roman *Eine traurige Angelegenheit* hatte sein Alter Ego dieses Puzzle mit Mitzi Stiegl zusammengebaut. Fälschlicherweise (schließlich war es ein Roman!) hatte er behauptet, die Kunsthistorikerin Mitzi Stiegl würde ihre Dissertation über *Die Madonna mit dem langen Hals* schreiben. Diese Behauptung hatte Nellie neben dem Namen Mitzi am meisten aufgeregt, während sie andere Sachen völlig ignorierte. Dass die Romanfigur Mitzi Stiegl als wahnwitzig kokette Person beschrieben wurde, die sich am Boden kniend immer möglichst dekorativ nach den Puzzleteilen streckte, war ihr egal. Wahrscheinlich spürte sie, dass Escher mit dieser Beschreibung gar nicht sie gemeint, sondern die alte Erinnerung an Martine verarbeitet hatte. Aber das falsche Gemälde konnte sie ihm nicht verzeihen. In Wahrheit hatten sie ja damals ganz ein anderes Bild zusammengebaut.

»Da ist er ja«, lachte Nellie Wieselburger, und zog zielsicher *Die Enthauptung Johannes des Täufers* aus dem Regal. »Hast du es dir nachgekauft?«

Sie wusste also noch, dass sie es sich damals ausgeborgt und nie zurückgegeben hat. Ein Wort der Entschuldigung kam ihr aber nicht über die Lippen, sondern nur ein Bedauern für den Geköpften: »Der arme Johannes! Dass wir uns wegen dem so in die Haare geraten sind.«

»Das ist verjährt«, behauptete Escher.

»Am Anfang hab ich ja geglaubt, du verarschst mich«, fing Nellie natürlich doch wieder mit der alten Leier an. »Wie du die längste Zeit so getan hast, als wäre es dir nicht aufgefallen!«

»Lassen wir das lieber«, schlug Escher vor. »Das haben wir doch schon tausendmal besprochen.«

»Du ersetzt einfach *Die Enthauptung des Johannes* durch *Die Madonna mit dem langen Hals*. Und behauptest auch noch, dass ich meine Diss nicht über Enthauptungen schreibe, sondern über *Die Madonna mit dem langen Hals*!«

»Das war doch nur wegen der Verschleierung. Ich wollte dir einen Gefallen tun! Sonst hättest dich aufgeregt, dass dich jeder erkennt wegen dem Dissthema. Wenn ich geschrieben hätte – wie hats genau gelautet?«

»›Be- und Enthauptungen in der Malerei von 1520 bis 1620‹. Tu nicht so, als würdest du dich nicht daran erinnern!«

»Genau. Be- und Enthauptungen.«

»Du hast mir oft genug gesagt, dass es ein blöder Titel ist.«

Er erinnerte sich jetzt wieder an das ganze Desaster im Breitwandformat. Der Name Mitzi war damals doch nicht der einzige Beschwerdepunkt gewesen. Sie hatte sich auch noch in diese Sache hineingesteigert. *Die Enthauptung Johannes des Täufers* durch die *Madonna mit dem langen Hals* zu ersetzen, war für sie ein eindeutiger Fall von Umkehrung der Enthauptungsgewalt gegen sie persönlich. Jemand mit einem langen Hals könne nun mal besonders gut enthauptet werden, ja der lange Hals schreie in Eschers durch Austausch hergestelltem Sinnzusammenhang geradezu nach der Enthauptung, hatte sie behauptet. Es sei also eine glasklare Drohung gegen sie.

Damals hatte Escher einfach gedacht: Sie hat einen Vogel. Geäußert hatte er sich aber versöhnlich. Es sei doch nur als Kompliment gedacht gewesen, es müsse ihr doch klar sein, dass sie zwar keinen langen Hals, aber einen außergewöhnlich anmutigen Nacken habe. Am Höhepunkt ihres damaligen Streits hatte er sie angebrüllt: »Tu nicht so, als wüsstest du nicht, dass sich jeder nach deinem schlanken Hals umdreht!«

»Du kannst ›Hals‹ und ›umdrehen‹ in einem Satz sagen und dir nichts dabei denken«, hatte sie wie aus der Pistole geschossen geantwortet. »Irgendwie finde ich das richtig gut, dass du so ein unbewusster Typ bist.«

Mit diesem finalen Urteil hatte sie damals den Streit beendet und war nie mehr darauf zurückgekommen.

»Ich bin dir eh schon lang nicht mehr böse«, sagte Nellie jetzt.

Escher schüttelte den Kopf.

»Außerdem hab ich mein Thema geändert.«

»Du schreibst immer noch an deiner Diss?«

»Klar, ich schreib sie ja für mich, da hab ich keinen Zeitdruck. Aber ich hab einen anderen Schwerpunkt. Enthauptungen sind nur noch der Ausgangspunkt.«

»Das beruhigt mich«, sagte Escher, fragte aber bewusst nicht nach. Vielleicht ging der Kelch ja doch noch an ihm vorüber.

»Mein Thema ist jetzt allgemein ›Der Schnitt in der Malerei‹. Also nicht nur auf das Motiv bezogen, sondern mehr formal, verstehst du?«

»Alles besser als Enthauptung. Da kriegt man ja Albträume.«

»Ich hätte mir nicht gedacht, dass du so ein Hosenscheißer bist«, sagte Nellie Wieselburger. Dann schob sie zu seiner Erleichterung die *Enthauptung* in das Regal zurück und zog *Christi Geburt mit den Heiligen Laurentius und Franziskus* heraus.

»Das können wir machen«, sagte sie.

»Von mir aus.«

»Das hat was. Wenn wir das zusammensetzen. Nachdem es zerschnitten worden ist von deiner Mafia.«

»Was heißt von meiner Mafia?«

»Du liest doch diesen ganzen Mafiaschund«, sagte sie und hielt ihm die Schachtel hin.

»Deshalb ist es noch lang nicht meine Mafia.«

»Die haben das Bild brutal aus dem Rahmen geschnitten und dann noch in vier Teile. Das musst du dir einmal vorstellen! Solche Vandalen!«

»Das mit den vier Teilen ist aber nur ein Gerücht«, musste Escher ihr jetzt doch zeigen, dass er die Geschichte besser kannte. »Was sollte das bringen, dass sie es zerschneiden?«

»Damit sie es leichter verkaufen können.«

»Vier Teile? Da erkennt man das Bild doch immer noch!«

»Was weiß ich. Da sie es bis heute nicht gefunden haben, kann man es nicht mit Sicherheit wissen.«

»Keiner weiß was, aber alle reden.«

»Jedenfalls haben sie es zerschnitten. Und wir bauen es jetzt wieder zusammen.«

Sie schüttete die tausend Teile des in Palermo gestohlenen Bildes auf Eschers Fußboden aus.

»Wahnsinn. Das wär das Schönste, das wär mein absoluter Traum«, sagte sie und machte sich sofort an die Arbeit. »Stell dir vor, du findest so ein gestohlenes Bild. Du entrümpelst deinen Dachboden, und auf einmal liegt da dieses Bild, das irgendwer versteckt und halb zerstört hat. Und du hast die Lebensaufgabe der Restaurierung. Dass man die Zerstörung ungeschehen macht!«

Dann sagte sie sehr lange Zeit nichts mehr. Nellie Wieselburger versank so vollkommen in der Arbeit, als wäre es wirklich das echte Bild, das sie wieder ganz machen mussten. Von der Restaurierungsthematik sensibilisiert befürchtete Escher, dass ihre feine Strumpfhose seinen Holzboden, der schon längst abgeschliffen gehört hätte, nicht lange überleben würde. Damit sie hier nicht eine Ewigkeit an dem Puzzle saßen, setzte er als Erstes den Rand zusammen – eine Anfängermethode, die er normalerweise ablehnte. Nellie kam mit dem Kopf und den betenden Händen des Heiligen Franziskus gut voran, und sie ignorierte Eschers Rat, dass es am einfachsten wäre, mit dem Spruchband des Engels fortzufahren, da man die lateinischen Buchstaben GLORIA IN ECCELSIS DEO leicht zuordnen könne. Stattdessen arbeitete sie sich nebenbei zum gesenkten Gesicht der Mutter Gottes vor, und Escher setzte das Spruchband selbst zusammen.

Er war überrascht, wie schnell Nellie den Heiligen Franziskus fertig hatte. »Dabei hat der da noch gar nicht gelebt«, lachte sie. Auch der ausgestreckte Arm, mit dem der Engel von oben auf den neugeborenen Heiland und seine Mutter zeigte, war schon gut zu erkennen. Um Mitternacht fehlte dem Gesicht der Madonna nur noch die Kinnspitze. Auch ihre nackte rechte Schulter und die linke Hand waren schon komplett. Als Nächstes konzentrierte Nellie sich auf Josefs Hinterkopf, und Escher kämpfte mit dem schwierigen Kuhkopf, der gutmütig auf den Heiland hinabblickte, von dem noch nichts zu sehen war.

Um sieben Uhr früh waren sie fertig, und Nellie verabschiedete sich zu Eschers Überraschung mit einer herzlichen Umarmung.

»Danke!«, sagte sie. »Das war schön, Escher. Ich muss jetzt dringend ein bisschen schlafen. Ich hoffe, ich träum von dem Bild.«

Als sie weg war, bemerkte Escher erst, wie erledigt er war. Sein Körper musste aus mindestens tausend Teilen bestehen, denn er spürte jeden einzelnen davon. Am liebsten hätte er die erste Zigarette seit siebzehn Jahren geraucht. Er legte sich ins Bett, hatte aber wenig Hoffnung, dass er einschlafen konnte. Vielleicht half es, wenn er ein paar Seiten las.

Marko, Gabi und Ala Steiner lebten sich schnell in der neuen Stadt ein. Gabi konnte schon nach einer Woche in der Beschwerdeabteilung einer Bank anfangen, die intern den Spitznamen »Salzamt« hatte. Marko suchte sich eine Stelle bei einem KFZ-Elektriker.

Die Hitze machte ihm nichts aus, und die Unfreundlichkeit der Leute fand er entspannend, denn in seinem früheren Leben musste man immer um sein Leben fürchten, wenn jemand besonders freundlich war. In der Firma erfuhr er von einer Kollegin, wen von der Partei er schmieren musste, um für Ala einen guten Kindergartenplatz zu kriegen. Wichtig war, hoch genug anzusetzen, denn wenn er einen zu kleinen Funktionär schmierte, konnte es Ala passieren, dass sie von einem Kind mit einem höherrangigen Funktionär ausgestochen wurde und den Platz trotz Zahlung nicht bekam. Marko fand sich in dieser Stadt sehr gut zurecht.

Im Jahr darauf kam Ala schon in die Schule, und es dauerte nicht lange, bis ihre Sprache sich den lokalen Gegebenheiten vollkommen angepasst hatte. Ihre Eltern mussten manchmal lachen und äfften den neuen Slang ihrer Tochter nach. Das Lernen fiel ihr leicht. Nur einmal wurden ihre Eltern in die Schule zitiert, weil sie eine Unterschrift gefälscht hatte. Als Marko sie neben der Direktorin fragte, wie sie das so gut hingekriegt habe, begriff er, dass sie sich endgültig in der neuen Umgebung verwurzelt hatte. Denn sie antwortete nicht »Trick 17«, wie es ihrer stillen Vereinbarung entsprochen hätte.

»Mit dem Einserschmäh«, sagte Ala, und sogar die Direktorin musste lachen.

Ansonsten blieb alles beim Alten. Sie waren eine glückliche Familie, die respektvoll über Hintergründe, Abgründe und Beweggründe hinwegsah.

Erst als Ala ins Gymnasium kam und ihr Körper rücksichtslos über sie herfiel, veränderte sich alles. Plötzlich begann sie, ihren Eltern Fragen zu stellen. Marko Steiner wusste, dass die erwachende Neugier seiner Tochter nichts war, was man ihr vorwerfen konnte. Kein Charakterfehler in dem Sinn. Es gehörte eben zu diesem Alter. Seine Tochter Ala wollte mehr erfahren – über das Leben, über ihre Familie, und besonders über den geheimnisvollen Vater, von dem sie so gut wie gar nichts wusste.

Anfangs war ihre Fragerei noch harmlos. Es begann damit, dass ihre Freundin Selina damit angab, zwei weitere Vornamen zu haben. Von einem Tag auf den anderen bestand sie darauf, Selina Katharina Konstanze gerufen zu werden. Katharina und Konstanze waren ihre Großmütter. Ala hieß nur Ala Steiner. Der Stolz der Freundin nagte an ihr. Am Abend überraschte sie ihre Eltern mit der Frage: »Wie haben eigentlich meine Großmütter geheißen?«

Bei den schockierten Blicken ihrer Eltern hätte man glauben können, ihre Tochter hat gerade ihre Schwangerschaft bekanntgegeben.

»Wie kommst du denn darauf?«, fragte Marko.

»In der Schule hat jede mindestens einen zweiten Vornamen. Oder mehrere. Ich könnte doch auch die Namen meiner Großmütter annehmen. Falls sie schöne Namen gehabt haben.«

»Du hast schon einen zweiten Vornamen«, behauptete ihr Vater.

»Hab ich nicht!«

»Doch!«

Er musste nicht lange überlegen.

»Hat dir das deine Mutter nie erzählt? Du heißt mit zweitem Vornamen Rmanlage.«

»Waaaaaas?«

Marko wusste, dass sie sich diesen Tonfall auch wieder abgewöhnen würde. Die anstrengende Zeit würde vorübergehen. Notwendige Phase. Entwicklung. Durchgangsstadium. Und er widerstand der Versuchung, ihr idiotisches »Waaaaaas?« nachzuäffen.

»Rmanlage«, wiederholte er ernst.

»Das ist kein Name!«, fuhr Ala auf. »Was soll das sein – Rmanlage?«

»Erster Vorname Ala«, dozierte Marko. »Zweiter Vorname Rmanlage.«

Da ihre Mutter vor Lachen fast den Gemischten Satz neben das Glas goss, wurde Ala wütend.

»Waaaaas? Ala Rmanlage?«

Natürlich hatten sie ihrer Tochter nie verraten, dass sie ihre Existenz jenem Testverfahren verdankte, mit dem man feststellte, ob eine Alarmanlage tatsächlich auf keinerlei Erschütterungen mehr reagierte. Dass sie den Vornamen ihrer Tochter vom Anlass ihrer ersten Begegnung abgeleitet hatten, ging diese, so fanden sie, nichts an.

»Sehr lustig«, protestierte Ala mit rotem Kopf und ein bisschen schrill. Sie war in einer streitbaren Phase und ging, ganz wie ihre Namenspatronin, beim geringsten Anlass los. Gerade das reizte ihren Vater manchmal, noch Öl ins Feuer zu gießen:

»Weil du bei deiner Geburt so laut geschrien hast wie eine Alarmanlage«, behauptete er.

Sekundenschnell schaukelte man sich gemeinsam hoch zur höchsten Eskalationsstufe. Vor Wut schossen Ala ein paar Tränen aus den Augen, und das stille Vergnügen ihrer Eltern brachte sie erst recht auf die Palme. Es war der Anfang einer sehr!

»Beruhig dich doch – du kannst von mir aus jeden Namen annehmen, der dir gefällt.«

anstrengenden Zeit.

Das Mädchen wurde immer neugieriger, nicht nur die Welt wollte sie verstehen, sondern auch die Menschen und in erster

Linie ihren Vater. Von dem niemand etwas wusste. Er musste doch eine Familie haben. Eine Vergangenheit. Sie war überzeugt, dass er ein faszinierendes Geheimnis hatte, und dass es ihre Aufgabe war, dieses zu ergründen. Vermutlich dachte er, sie sei noch zu klein, um es zu verstehen. Aber sie war nicht mehr klein! Sie ließ ihn nicht in Ruhe und erkundigte sich immer bohrender nach seiner Kindheit. Wie war das damals? Bei euch? Marko versuchte, seiner Tochter nicht böse dafür zu sein. Sie konnte nicht ahnen, wie gefährlich ihre Fragen für ihn waren. Und da ihm nichts so widerstrebte, wie seine Tochter anzulügen, wurden seine Lügen immer schlechter. Lieber wäre ihm gewesen, wenn sie mit dem Fragen einfach wieder aufgehört hätte.

Zu allem Überfluss bekam Ala in der Oberstufe einen jungen Lehrer, der seine Klasse mit kleinen Forschungsaufträgen unterhielt. Stammbaumforschung in der eigenen Familie war das Thema des Semesters. Ala, die ihren Eltern auch wegen des neuen Akzents etwas fremd geworden war, fand den neuen Lehrer *ur-cute*, die Aufgabe *ur-geil*, und sie wollte diese weder *schleißig* noch *chillig* angehen, sondern mit ihrem Fleiß alle anderen übertrumpfen.

Da sie von ihrem Vater nur ausweichende Antworten erhielt, begann sie, in seinen Sachen herumzuschnüffeln. So wie er selbst sich als Fünfzehnjähriger in Lino Carellis Wagen geschlichen hatte, um die Fernbedienung für sein Garagentor auszutauschen, brachte Ala den kleinen Schlüssel für seine persönliche Schublade in ihren Besitz. Das Entsperren der Schublade bescherte ihr aber eine herbe Enttäuschung. Während Lino Carelli beim Versuch, sein Garagentor zu öffnen, sein eigenes Haus und fünf seiner Familienmitglieder in die Luft gejagt hatte, fand Ala nur langweilige Sachen vor, die sie schon kannte. Das einzig Ungewöhnliche war, dass neben dem Pass, den Versicherungsdokumenten, dem Foto von ihr und ihren Eltern am Tag ihrer Geburt und den Manschettenknöpfen, die er zu seiner Hochzeit getragen hatte, auch ein Buch lag.

Ala untersuchte die Manschettenknöpfe, steckte einen versuchsweise in ein Knopfloch ihrer Bluse, um festzustellen, dass er urschwer war, legte ihn wieder zurück in die Schublade und schlug das Buch an der Stelle auf, wo ihr Vater eine Eintrittskarte für das Schwimmbad vergessen hatte.

Eschers Telefon läutete.

»Na?«, begrüßte ihn die Stimme Nellie Wieselburgers. Ohne ihm eine Chance zu lassen, auf dieses »Na?« irgendwas zu antworten, rückte sie gleich mit der Neuigkeit heraus:

»Den Deal hab ich gemacht.«

»Was für einen Deal?«

»Was für einen Deal«, äffte sie seine Begriffsstutzigkeit nach. »Mit der Elektrofirma natürlich.«

Escher war froh, dass die Sache mit der Trauerrede klarging. Aber ihr komplettes Übergehen des Sonntagnachmittags kränkte ihn etwas. Mit keinem Wort erwähnte sie ihre gemeinsame Hingabe an die *Geburt Christi*. Als wäre es nie geschehen.

»Hast du dich gut ausgeschlafen?«, versuchte Escher ihr eine Bemerkung abzuringen.

»Ja klar.«

Bevor er sie noch was fragen konnte, legte sie schon mit den Bestattungsdetails los. Als wäre nichts gewesen, als hätte er sich alles nur eingebildet, informierte sie ihn über den Begräbnistermin und die damit zusammenhängenden Selbstverständlichkeiten.

»Diese Frau ist wirklich sehr in Ordnung«, sagte Nellie Wieselburger.

»Die Witwe?«

»Nein, beim Elektriker. Die Chefin dort. Ich glaub, das ist eine gute Führungskraft.«

Escher fehlte die Energie, sich auch noch über den Begriff »Führungskraft« aufzuregen. Er sagte nur: »Ich hoffe, sie ist einverstanden, dass du den Auftrag an mich weitergibst.«

»Klar. Die Chefin war mit allem einverstanden. Ich hab ihr gesagt, dass sich einer meiner Mitarbeiter bei ihr melden wird. Ihr war nur wichtig, dass die Rechnung nicht an die Witwe geht, sondern an sie. Also eine Firmenrechnung. Steuernummer und UID hab ich schon. Mail-Adresse und Telefonnummer von der Witwe hat sie mir auch gegeben.«

»Super«, sagte Escher ungefähr so enthusiastisch wie man »super« sagte, wenn einem ein rohes Ei auf den Boden gefallen ist.

»Ich leite dir alles weiter. Im Paket ist auch enthalten, dass du für deine Kommunikation mit den Hinterbliebenen meine offizielle Mail-Adresse verwenden kannst. Ich geb dir einen PIN.«

»Super.«

»Dann«, sagte Nellie Wieselburger, um das Ende des Telefonats einzuläuten.

»Dann bis dann«, sagte Escher.

Eigentlich wollte er sich noch bei ihr bedanken, aber Nellie hatte schon aufgelegt. In der nächsten Sekunde kam auf sein Handy die Nachricht mit dem PIN und allen Informationen, die er brauchte. Die Mail-Adresse der Witwe bestand aus einer nichtssagenden Abkürzung, und er ärgerte sich, dass er Nellie nicht nach ihrem Namen gefragt hatte.

Um sich über das seltsame Telefonat hinwegzutrösten, legte Escher gleich los. Der PIN war wirklich sehr nützlich. Unter Vermeidung einer direkten Anrede schickte er ein offizielles Schreiben von Nellies Seite trauerberatung.com an die Witwe und bat sie um ein Gespräch. In diesen Dingen war er Vollprofi, er musste nicht lange überlegen, um den richtigen Ton zu treffen. Je sachlicher, umso besser, das wusste er aus Erfahrung. Er benötige Informationen über ihren Mann, um die Trauerrede verfassen zu können. Er bitte um einen Termin für ein persönliches Gespräch. Auch ein Telefonat würde genügen. Notfalls ein paar Informationen per Mail. Aber am besten ein persönliches Gespräch.

Doch die Witwe antwortete nicht. Escher wollte sie nicht sofort anrufen und schrieb ihr noch ein zweites Mal, und wieder kam keine Antwort. Womöglich wollte sie keine Rede? Das war ein Unsicherheitsfaktor, den er nicht ausreichend einkalkuliert hatte. Dass die Witwe einen Pfarrer ablehnte, wie Nellie Wieselburger erwähnt hatte, hieß noch lange nicht, dass sie Interesse an einem Trauerredner hatte. Womöglich misstraute sie den verdächtig hilfsbereiten Arbeitgebern ihres Mannes? Vielleicht vermutete die Witwe einen schlauen Versuch der Firma, etwaigen Forderungen zuvorzukommen? Fühlte sie sich überrumpelt? Escher wusste aber, dass es auch tausend andere Erklärungen geben konnte. Hinterbliebene und Trauernde waren nicht berechenbar wie andere Menschen, sie befanden sich in einem kurzen Stadium der völligen Freiheit.

Um seine Ungeduld zu meistern, fing Escher ein neues Puzzle an. Er war aber schon zu unruhig, um eine sinnvolle Wahl zu treffen. Jetzt saß er ausgerechnet mit der *Erschaffung Adams* am Boden, die ihm vom ersten Tag an nichts wie Ärger eingebracht hatte. Statt 1000 hatte dieses Puzzle nur 999 Teile. Als er nach dem ersten Versuch, es zusammenzubauen, fassungslos in das Loch mitten im Bild starrte, stellte er seine ganze Wohnung auf den Kopf. Er rannte sogar zum Altpapiercontainer, um das Paket zu suchen, in dem er das Puzzle erhalten hatte. Aber der fehlende Teil war nicht zu finden. Wie zum Hohn fehlte ausgerechnet der Zentimeter Nichts, den Michelangelo zwischen dem menschlichen und dem göttlichen Zeigefinger gelassen hatte, und wo vermutlich der Funke überspringen sollte, wenn die verdammte Firma ihn geliefert hätte. Sein Reklamationsbrief an den Hersteller brachte nur den Erfolg, dass sie ihm das ganze Puzzle noch einmal schickten, in dem der Teil wieder fehlte.

Von Leidensgenossen auf Puzzle-Fanseiten erfuhr er, dass es ihnen nicht viel besser ergangen war. Jetzt aber kam es nicht auf den kleinen Mangel an, denn er war kaum fähig, zwei zusammenpassende Teile zu finden. Nicht einmal das stumpfsinnige Zusammenbauen des Rahmens brachte er zu Ende. Er dachte nur an den Anruf der Witwe, der nicht kam. Wie oft er auch auf sein Handy schaute, es war nicht auf stumm gestellt, und sie hatte nicht angerufen. Da ihm das Puzzle vollkommen entglitt, gab er auf und versuchte, ein paar Seiten zu lesen.

Ala blieb vor Schreck das Herz stehen, als die Schlafzimmertür sich öffnete. Sie saß mit dem Buch am Boden, und die Gestalt ihres sonst nie bedrohlichen Vaters stand übermächtig über ihr. Aber es war nicht nur die Perspektive. Es war die bebende Wut in seiner Stimme:

»Was machst du da?«

»Keineahnung – lesen«, sagte sie und hielt ihm wie zum Beweis das Buch hin.

»Wo hast du das gefunden?«

»Da.«

»Was hast du da zu suchen?«

»Nichts! Ich hab nur ein bisschen keineahnung. Herumgeschaut!«

Seit seine Tochter überzeugt war, von allem eine Ahnung zu haben, brachte sie in jedem ihrer Sätze mindestens ein gedankenloses »keineahnung« unter.

»Das sind meine Sachen!«, fuhr er sie an. »Du hast da nichts herumzuschauen!«

Er versuchte, ihr das Buch zu entreißen, aber seine Tochter war so viel gelenkiger als er, dass sie ihm problemlos entwischte und samt Buch bei der Tür draußen war, bevor er »du Gfrast!« fluchen konnte – ein Ausdruck, den er hier schon in seiner ersten Arbeitswoche gelernt hatte, als ein Kollege sich an einem besonders dumm montierten Verhau einen Finger brach.

Seine Tochter verschanzte sich in ihrem eigenen Zimmer, setzte sich die Kopfhörer auf, drehte die Lautstärke bis zum Anschlag und las weiter.

Drei Tage vor der Bestattung meldete die Witwe sich schließlich doch noch. Ja, sie sei von der Chefin ihres Mannes informiert worden. Doch, doch, sie sei schon einverstanden mit der Rede. Sie klang, als hätte sie ein Beruhigungsmittel genommen. Er solle seine Fragen gleich jetzt am Telefon stellen. Etwas Interessantes über ihren Mann könne sie nicht erzählen. Ganz normale Leute seien sie. Arbeit, Familie, Urlaub, nichts Besonderes.

»Hat es etwas gegeben, das Ihr Mann besonders geliebt hat?«, fragte Escher.

»Ja natürlich«, sagte die Frau und schluckte. »Unsere Tochter. Er war ein guter Vater. Wie ein Vater sein soll, war er. Verstehen Sie?«

»Wie alt ist Ihre Tochter?«

»Vierzehn«, sagte die Witwe. »Seit einem Monat.«

Es wurde still am Telefon.

Uiiiidh.

In diese totale Stille hinein sagte Escher: »Ich frage nur, um Ihren Mann für die Rede ein bisschen kennenzulernen. Bitte sagen Sie mir, falls eine meiner Fragen zu indiskret ist.«

»Fragen Sie ruhig.«

»Mich würde interessieren, wie Sie Ihren Mann kennengelernt haben, falls das nicht zu –«

»Er hat mein Auto repariert.«

»Was war kaputt? Er ist doch Elektriker?«

»Das ist doch jetzt egal, oder?«

»Ja sicher, aber –«

»Die Alarmanlage«, sagte die Witwe.

Uiiiiidh.

»Die Alarmanlage«, wiederholte Escher.

»Ja, er hat mir die Alarmanlage ausgebaut.«

Escher spürte, wie ein kalter Wind durch sein Gehirn zog. Er wollte jetzt auch ein Beruhigungsmittel. Was redete diese Frau? Die Witwe. Uiiidh. Die Leere. Der Mangel.

»Keiner wollte sie mir ausbauen, weil es so eine Scheißarbeit ist. Er wollte zuerst auch nicht. Aber dann hat er es doch gemacht. Ich hab ihn überredet. Und er hat dabei kein einziges Mal geflucht. Das hat mir gefallen. Mein Vater hat immer geflucht. Der war ein zorniger Mensch. Wissen Sie, was Zorn ist?«

»Wie meinen Sie?«, fragte Escher, um sich die totale Stille in seinem Gehirn nicht anmerken zu lassen.

»Zorn«, sagte sie.

»Naja. Zorn.«

»Zorn ist etwas Schreckliches«, sagte sie ganz ruhig. »Er fährt in die Menschen. Wie in Puppen. Das ist furchtbar. Aber mein Mann hat nie geflucht. Er war nicht gewalttätig. Er war sanft. Er hat überlegt. Geschaut. Er hat immer laaange geschaut.«

Escher wunderte sich, dass sie plötzlich lachte. »Er hat dem Auto sogar Koseworte zugeflüstert, als er es geschaukelt hat.«

»Welche Koseworte?«

»Darum gehts doch nicht! Koseworte zu einem Auto statt fluchen und schreien, verstehen Sie? Darum gehts!«

»Lebt Ihr Vater noch?«, fragte Escher.

»Mein Vater?«

»Ja, Ihre Familie. Leben Ihr Vater und Ihre Mutter noch? Ihre Geschwister?«

»Das kann Ihnen doch egal sein«, herrschte die Witwe ihn an. »Meine Familie hat mit meinem verstorbenen Mann nichts zu tun.«

»Das stimmt natürlich.«

»Sagen Sie in Ihrer Rede einfach, dass mein Mann ein guter Mann war, das genügt! Er war ein guter Mann! Und ein guter Vater! Und ein guter Mensch allgemein!«

Dann verabschiedete sie sich.

Escher legte das Gesicht in seine Hände. Die Finger bedeckten seine Augen, und die Daumen hielten seine Ohren zu. So wollte er bleiben. Er dachte nach, ob er jemals den Namen des Toten gehört hatte. Der Polizist musste ihn doch im Gespräch mit dem Firmenchef erwähnt haben. Oder die Notärztin. Doch

Escher hatte ihn in der Situation nicht wahrgenommen. Jedenfalls erinnerte er sich nicht ums Verrecken daran. Er fragte sich, ob er bei der Firma anrufen und nach dem Namen fragen sollte.

Ihm fiel auf, dass die Mail-Adresse der Witwe theoretisch zu den Anfangsbuchstaben ihres Namens passte. Wenn sie so hieß, wie er hoffte, dass sie nicht hieß. Doch dann besann er sich. Er durfte hier nicht durchdrehen. So ein großer Zufall war es auch wieder nicht. Es gab viele Leute mit diesen Anfangsbuchstaben. Und es konnte zwei Ehepaare geben, die sich beim Ausbau einer Alarmanlage kennengelernt haben. Zwei Elektriker. Zwei Töchter. Es gab viele Handwerker, die widerspenstigen Gerätschaften gut zuredeten. Mit Kosenamen. Es war alles im normalen Bereich.

Um den Unsinn aus seinem Hirn zu vertreiben, setzte er sich gleich hin und begann mit der Trauerrede. Er wusste, dass es keine bessere Methode gab, um alles andere zu verdrängen. Und je mehr man zu verdrängen hatte, umso besser gelang das Schreiben. Je mehr man draußen halten musste, umso größer wurde der Druck, der die Rede erzeugte.

Doch Escher merkte schnell, dass es dieses Mal nicht funktionierte. Sein Kopf ließ sich nicht mehr ablenken. Er könnte auf gut Glück noch einmal bei der Witwe anrufen. Vielleicht meldete sie sich mit ihrem Namen. Oder er fragte sie, wer ihr damals den Elektriker für die Alarmanlage empfohlen hatte. Wer waren ihre Trauzeugen? Wie hieß ihre Tochter?

Oder er rief einfach bei der Firma an und erkundigte sich nach dem vollen Namen des Verstorbenen. Wenn er nicht so hieß wie Elio Russo in seinem zweiten Leben, hatte Escher immer noch das große Problem, dass er es für möglich gehalten hatte. Wenn er so hieß, hatte er ein noch größeres Problem. Er fragte sich, was mit ihm geschehen würde, wenn die kalabrische Familie von der Ermordung ihres Elio durch ihn, Franz Escher, erfuhr. Nur für die eine Seite war Elio ein Verräter. Die andere Seite konnte auf Blutrache sinnen.

Es klingelte an seiner Tür. Ein Unbekannter stand vor der Kamera. Escher machte nicht auf und stellte die Klingel ab.

Er rannte in das Nebenzimmer und riss das verdammte Buch an sich. Er wollte wissen, wie der Dreck weiterging.

ON

DAS VIERZEHNJÄHRIGE MÄDCHEN, das nach einer Alarmanlage getauft war, versöhnte sich schnell mit ihrem Vater. Ala war so gerührt von seiner Zerknirschtheit, dass sie ihm nicht nur vergab, sondern sich ihrerseits zu einer Entschuldigung herabließ. Diese war zwar ehrlich gemeint, galt aber nur so lange, wie die Versöhnungsrührung anhielt. Immerhin war nach diesem Wutausbruch noch wesentlich klarer, dass er etwas vor ihr verbarg. Die Heftigkeit seiner Reaktion sprach Bände. Er musste ein Geheimnis haben.

Da Ala in einem Alter war, in dem man noch nicht alle moralischen Fragen resigniert zur Seite geschoben hat, dachte sie so lange darüber nach, ob sie ein Recht hatte, im Leben ihres Vaters herumzuschnüffeln, bis das richtige Ergebnis herauskam: »Hundertpro! Es ist mein gutes Recht!« Schließlich ging es auch um ihre eigene Geschichte. Und jeder Mensch hat ein Recht, diese zu kennen. Ihre Wut darüber, dass man sie für blöd verkaufte, war jetzt noch größer als zuvor, und sie war wild entschlossen, die Wahrheit herauszufinden.

Außerdem durfte sie ihren Lehrer nicht enttäuschen. Während sie das über Nacht erwachte Interesse ihrer Mitschüler an ihr unendlich nervte, wollte sie dem Geschichtslehrer gefallen. Was Ala nicht wissen konnte: Die nervende Zuwendung ihrer männlichen Mitschüler beruhte ausgerechnet auf jenem Erbe (Augen von Großmutter Gianna, Figur von Tante Petronilla), das sie gerade zu ergründen versuchte. Die Haare aber und die Unerschrockenheit und die forsche Entschlossenheit, mit deren Hilfe sie sich auf die Suche nach den Vorfahren ihres Vaters machte, hatte sie von ihrer Mutter.

Sie loggte sich auf FAMILYTREE ein, einer jener Plattformen, die ihr Geschäft mit dem immer beliebter werdenden Hobby der Stammbaumforschung machten. FAMILYTREE versprach, verschollene Verwandte aufzustöbern oder komplett unbekannte Vorfahren zu finden. Man konnte sich in Chats mit gleichnamigen Menschen in fremden Ländern unterhalten, man konnte Suchinserate schalten, Fotos seiner Familie hochladen und Informationen über einzelne Familienmitglieder mit der ganzen Welt teilen.

Und neuerdings brüstete FAMILYTREE sich mit einer revolutionären Methode. Wer seine eigene DNA zur Verfügung stellte, konnte Verwandte mithilfe der in einem Höllentempo anwachsenden DNA-Datenbank von FAMILYTREE finden. Das war allerdings mit hohen Kosten verbunden, die Ala sich nicht leisten konnte. Wenn es sein musste, würde sie das Geld schon auftreiben, aber sie beschloss, es Schritt für Schritt anzugehen. Sie schaute sich die Sache einmal in Ruhe an. Eine Fähigkeit, die sie von ihrem Vater geerbt hatte.

Fotos waren für den Anfang das Einfachste. Ala begann mit ihrem Lieblingsfoto, das ihre Mutter gemacht hatte, als sie ihn erst eine Woche kannte. Auf einem uralten Fahrrad sitzt ihr Vater und blickt nach hinten, von wo die Kamera sein schüchternes Lachen einfängt. Auf die Rückseite des Papierfotos hatte ihre Mutter mit Bleistift geschrieben: Peugeot-Fahrrad (53) klapprig, Mann (25) frisch, Fotografin (21) verliebt.

Ala scannte das Bild ein und lud es hoch. »Wer kennt diesen Mann?«, schrieb sie als Überschrift in das dafür vorgesehene Feld. Und im Kleingedruckten erklärte sie: »Das ist mein Vater.

Er ist 1982 geboren. Er sucht Kontakt zu seinen Verwandten. Es ist unbekannt, aus welchem Land er stammt. Wahrscheinlich Europa.«

Durch das Programm von FAMILYTREE würde der Text automatisch in der Sprache der User erscheinen, die Alas Seite anklickten.

Eine Woche lang passierte nichts. Dann erhielt Ala eine Nachricht. Beim Anklicken öffnete sich ein Fenster:

»Du hast eine Nachricht. Mit einem Upgrade auf FAMILYTREEGROWFASTER, kannst du die Nachricht lesen und beantworten.«

Das Upgrade kostete € 9,90 pro Monat oder € 79,90 pro Jahr. Ala investierte die zehn Euro und stellte zur Refinanzierung den grünen Armreif, dessen Verschluss ohnehin nicht richtig hielt, auf ihre *willhaben*-Seite. Sie verlangte dafür fünfzig Euro, war aber bereit, auf dreißig hinunterzugehen. Noch bevor das Bild von ihrem Armreif online war, hatte sich die Nachricht auf der FAMILYTREE-Seite schon geöffnet. Absender: Carlotta Esposito.

Ala konnte es nicht glauben. Immer wieder musste sie lesen, was diese Italienerin ihr schrieb. Sie überlegte, ob sie ihren Vater in der Arbeit anrufen sollte, denn es war unerträglich, bis zum Abend zu warten. Zum Glück wollte jemand sofort ihren Armreif kaufen. Der Käufer hatte es eilig, weil er ein Geschenk brauchte, und zahlte sogar den vollen Preis. Mit dieser Ablenkung war es leichter für Ala, die Zeit bis zum Abend herumzubringen.

»Kennst du eine Carlotta Esposito?«

Hüpfend vor Aufregung empfing sie ihren Vater mit dieser Frage, als er endlich heimkam. Es war der letzte Satz, den

Marko Steiner in diesem Leben von seiner geliebten Tochter hörte. Der Schlag in Alas Gesicht war von einer schockierenden Heftigkeit. Seine Frau, die den Schlag ins Gesicht ihrer Tochter mit ansah, brüllte ihn fassungslos an. Sie verwendete dabei ein Wort, das er noch nie von ihr gehört hatte. Ein Wort, das klang, als hätte die Hölle sich geöffnet.

Ala sagte gar nichts und blieb schockiert vor ihrem Vater stehen. Sie baute sich vor ihm auf wie ein Straßenschläger, der den schweren Fehler des unterlegenen Gegenübers genoss. Als wollte sie ihn provozieren, es noch einmal zu machen. Als hielte sie ihm auch die andere Backe hin. Als würde sie ihn dazu verfluchen, diesen Blick seiner Tochter nie wieder zu vergessen. Als warte sie nur noch eine Sekunde, bis er das in seinem Rücken steckende Messer spürte. Die Ruhe seiner Tochter erschreckte Marko zu Tode.

Noch ruhiger als Alas starres Dastehen war nur die Stimme seiner Frau: »Verschwinde, oder ich rufe die Polizei!«

Und Marko Steiner tat, was seine Frau von ihm verlangte. Ohne Versuch, etwas zu erklären und zu beschönigen, verließ er die Wohnung.

Zum ersten Mal in seinem ganzen Leben betrank er sich bis zur Besinnungslosigkeit. Er legte sich auf eine Parkbank und wunderte sich in der Morgendämmerung, dass er tatsächlich eingeschlafen war. Bei McDonald's trank er einen Kaffee, wusch sich im WC das Gesicht und ging zur Arbeit. Keinem fiel was auf.

Als er am Abend nach Hause kam, war die Tochter verschwunden. Seine Frau hatte schon alle Freundinnen durchtelefoniert, aber niemand wusste, wo Ala war. Marko Steiner musste feststellen, dass seine vierzehnjährige Tochter das ganze

Geld aus seiner Bargeldlade mitgenommen hatte. Er hasste es, mit Karte zu zahlen und predigte stets: Damit hinterlässt man zu viele Spuren. Noch nie hatte seine Tochter etwas gestohlen, aber jetzt war sie mit mehr als siebenhundert Euro durchgebrannt. Sonst hatte sie nichts mitgenommen. Nur das Geld und das Buch aus der Schublade ihres Vaters.

Marko und Gabi hatten keine Ahnung, dass ihre Tochter schon seit Stunden im Zug nach Neapel saß. Ala wusste jetzt, wo sie mehr über ihren Vater herausfinden konnte. Die Nachrichten von ihren Eltern ignorierte sie. Ihr Vater hatte schon hunderttausend Entschuldigungen geschickt. Aber sie spürte, dass er immer noch nicht die Wahrheit sagte. Väter sagten einem nie die Wahrheit.

Die Einzige, mit der sie während der Zugfahrt kommunizierte, war seine Cousine. Carlotta Esposito. Anfangs hatte Ala Carlottas Behauptung, das Foto zeige ihren Cousin, noch bezweifelt. Auch die Fotos, die Carlotta ihr schickte und die angeblich Alas Vater als Kind zeigten, hatten sie nicht überzeugt. Es gab eine unheimliche Ähnlichkeit, aber die Nase stimmte nicht. Doch bei einem der Fotos hätte sie schwören können, dass er es war. Dieses Lächeln hätte sie unter einer Million ähnlicher Gesichter erkannt. Und die Reaktion ihres Vaters auf Carlottas Namen war der endgültige Beweis.

Ala fuhr zum ersten Mal allein in einem Zug. Doch bisher war alles glattgegangen. Ala konnte erwachsen aussehen, wenn sie wollte. Trotzdem war sie froh, dass sie nicht ganz allein war, sondern mit Carlotta kommunizieren konnte. Carlotta betonte, wie sehr sie sich auf sie freue, und schickte ihr zwei weitere Fotos, die ihren Vater als jungen Mann zeigten. Dann wurden die Nachrichten weniger, und in der Nacht kam nichts mehr von Carlotta. Ala war todmüde, konnte aber trotzdem nicht einschlafen. Sie war zu aufgeregt. Und immer noch kamen Nachrichten von ihrer Mutter.

Je später es wurde, umso schwerer fiel es ihr, sie zu ignorieren. Alles erinnerte sie an ihre Eltern. Sogar in dem Buch ging es um einen Elektriker. Trotzdem las sie darin weiter, um sich die Nacht im Zug irgendwie zu vertreiben und ihre Angst zu beruhigen.

Beim zweiten Telefonat mit der Witwe des Elektrikers überredete Escher sie, sich mit ihm zu treffen.

»Wozu?«, fragte die Witwe.

»Ich möchte mir ein Bild machen«, sagte Escher.

»Ein Bild«, wiederholte die Witwe. »Jetzt können Sie sich kein Bild mehr machen.«

Er wartete schweigend. Er hatte schon mit so vielen Trauernden gearbeitet.

»Ich bin nicht in der Verfassung«, sagte sie. »Ich kann nicht.«

»Das verstehe ich. Die Trauer macht Sie sprachlos.«

Eine Methode für den Umgang mit Trauernden hatte er sich nie überlegt. Es lag ihm einfach. Vielleicht war das ganze Geheimnis, dass er sich in ihrer Nähe wohlfühlte. Er fügte sich ein, wie man einen Puzzleteil neben einen anderen legte. Das verbindungslose Nebeneinander war seine Welt. Nellie Wieselburger hatte nicht ganz Unrecht. Im Schnitt lag die Verbindung. Bei zufriedenen oder gar fröhlichen Menschen fiel es ihm schwer, den Ball aufzunehmen. Erst mit den vollkommen Verschlossenen verstand er sich gut.

Natürlich durfte er sich als Trauerredner nicht mit den Trauernden verbrüdern. Im Gegenteil. Distanz war das Um und Auf. Sonst war man schnell eine Nellie Wieselburger, die sich an die Trauernden ranschmiss mit ihrer Empathie. Eine Mitzi Stiegl, die Trauer mit Vertraulichkeit verwechselte. Escher vergaß nie, dass der Trauernde sein Gegner war. Er durfte ihm nicht zu viel Spielraum lassen. Er musste den Trauernden überrumpeln. Hier kamen natürlich Methoden ins Spiel. Tricks. Moves. Wollte ein widerspenstiger Verwandter gar keine brauchbaren Informationen herausrücken, half nur noch Trick 17.

»Können Sie mir vielleicht jemanden empfehlen?«

»Was meinen Sie?«

»Familienmitglieder oder Freunde, die mir etwas über den Verschiedenen erzählen können.«

Die meisten reagierten auf diese Frage mit einer empörten Schockstarre. Escher hatte die Fähigkeit abzuwarten. Man musste ihnen Zeit lassen. Er wusste, was in diesem entscheidenden Moment in den Köpfen der engsten Hinterbliebenen vorging: Wer könnte das an meiner Stelle übernehmen? An wen könnte ich es abschieben? Wer könnte dem Trauerredner etwas über meinen Verstorbenen erzählen? Man ging die Freunde und Verwandten durch und bekam Aggressionen gegen sie. Was sie erzählen würden! Einen Haufen Unsinn! Unwichtige Geschichten würden sie ausgraben! Den Toten in ein falsches Licht rücken! Sich selbst wichtigmachen würden sie!

Wie bei Gärprozessen und Kochvorgängen, die ihre Zeit brauchten, die man nicht abkürzen konnte, wie beim Fermentieren und Einlegen, beim Durchziehen und Brutzeln, beim langsamen Verschmelzen von Substanzen und der Verwandlung von Elementen, ging es hier nur darum, den Hinterbliebenen genug Zeit zu geben, um die Aggressionen gegen die Mittrauernden voll zur Entfaltung kommen zu lassen. Bevor der

Prozess abgeschlossen war, begaben sie sich oft auf Umwege. Manchmal nannten sie sogar Namen, nur um sie sofort wieder zurückzunehmen. Vielleicht der – nein, was soll der schon erzählen. Vielleicht seine Schwester, nein, auf keinen Fall seine Schwester, die hat doch immer nur. Vielleicht ihr Bruder, ach nein, dieser Bruder hat sich doch noch nie. Oder sein Sohn, ach, der ist doch nur, der hat noch nie.

Früher oder später knickten sie ein.

»Na, wenn Sie meinen«, sagte die Witwe. »Hinausgehen will ich aber nicht. Sie müssten schon zu mir kommen.«

»Wann wäre es Ihnen recht?«

»Am besten, wir bringen es gleich hinter uns.«

Sie nannte ihm die Adresse und erklärte ihm die beste Straßenbahnverbindung. Escher hörte ein unerträglich lautes Pfeifen, von dem er nicht sicher war, ob es aus dem Telefon kam oder aus seinem Ohr. Er wusste, dass die Witwe jetzt sagen würde, wo er klingeln musste. Am Telefon hatte sie sich immer nur mit einem »Ja?« gemeldet. Er wusste nicht, wie sie hieß. Jetzt musste sie endlich damit herausrücken.

»Sie müssen bei Nummer 17 klingeln.«

»Top 17?«

»Ja, Tür 17.«

Erst seit Kurzem wusste Escher, dass hinter der Bezeichnung »Top«, die er immer für eine besonders internationale Apartment-Adressvariante gehalten hatte, die bürokratische Abkürzung von »Tür ohne Postadresse« steckte. Mit einem Gefühl, als hätte der Blitz ihn um einen Zentimeter verfehlt, legte er auf und machte sich auf den Weg zu der Tür ohne Postadresse. Die Witwe wohnte am anderen Ende der Stadt, in einer Gegend, in die es Escher seit Jahrzehnten nicht mehr verschlagen hatte.

Um sich die Zeit zu vertreiben, nahm er in der Straßenbahn sein Buch heraus.

»Was lesen Sie denn da Schreckliches?«, fragte die alte Frau, die in Padua zusammen mit einem langhaarigen Greis zugestiegen war. Nachdem sie hundert Kilometer lang diskutiert hatten, ob ihre Reservierungen für diese Plätze galten, hatten sie sich ihr gegenüber breitgemacht und lautstark die vorbeiziehenden Orte kommentiert.

»Keineahnung einen Roman«, sagte Ala ohne aufzublicken.

»Sie haben so aufgestöhnt, dass einem ganz bange wird.«

Ala schüttelte den Kopf. Es war ihr nicht aufgefallen, dass sie bei »Tür 17« kurz gestöhnt hatte.

»Und worum gehts?«, schaltete sich der Greis gönnerhaft lächelnd ein.

Seine Spinnenbeine waren so lang, dass Ala sich, um ihnen auszuweichen, auf ihre eigenen Füße gesetzt hatte.

»Um – einen alten Mann.«

Ala fragte sich, warum sie ihm überhaupt eine Antwort gab. Es ging ihn nichts an, dass sie bei »Tür 17« geseufzt hatte, weil diese Witwe dieselbe Türnummer wie ihre Mutter hatte. Sie wollte in Ruhe weiterlesen. Ala klappte das Buch zu und blickte sich um. Der Waggon war zu voll, um den Platz zu wechseln.

»Ah spannend«, sagte der Greis. »Schön, dass es noch junge Menschen gibt, die Bücher lesen.«

»Stör sie doch nicht beim Lesen«, ermahnte ihn die Frau.

»Ich stör sie doch nicht. Du hast sie gestört.«

»Lassen Sie sich nicht stören.«

Ala ließ sich nicht länger stören. Escher wunderte sich über die spiegelverkehrte Situation. Gerade noch hatte der Elektriker bei ihm geläutet, jetzt klingelte er an der Haustür des Elektrikers. Top 17. Die Wohnung lag im dritten Stock und erzählte ihm nicht viel über den Toten. Außer, dass er sich sogenannte Spots in die Zwischendecke gebaut hatte. Diese Beleuchtungskörper deprimierten Escher. Deckenspots erinnerten ihn an Leute, die Deckenspots hatten. In diesem Fall konnte er es aber verwinden, denn wer will einem Elektriker verbieten, sein Handwerk zu übertreiben.

Vielleicht hatte er einfach beabsichtigt, dass die schwarze Mähne seiner Frau, die einen einzigen silbernen Faden zu enthalten schien, immer gut beleuchtet war. Ihr Gesicht erinnerte Escher an die ägyptischen Frauen in dem Puzzle *Marktplatz von Gizeh*. Der Name Gabi, mit dem sie sich vorgestellt hatte, passte überhaupt nicht zu ihr. Namen wie Leyla oder Nuri hätten viel besser zu dieser Schönheit mit den verweinten Augen gepasst. Außerdem hießen doch nur ältere Frauen Gabi, überlegte Escher, der sich wegen seiner Eschenallergie schon oft Gedanken über unpassende Namen gemacht hatte. Jetzt aber war ihm seine Reaktion peinlich. Offenbar hatte er sich seine Verwunderung zu deutlich anmerken lassen. Als hätte er seine Gedanken laut ausgesprochen, erzählte sie ihm, wie es zu ihrem Namen gekommen war. Noch nie habe sie das einem Menschen verraten, sagte sie. Auch ihr Mann habe es nie erfahren. Aber jetzt, wo alles so furchtbar sei, wolle sie es endlich loswerden.

»Mein Vater war nicht so ein sanfter Mensch wie mein verstorbener Mann. Er stammte aus einer Kultur, wo der Mann –«

Es gehörte zu Eschers Trauerredner-Routine, dass er in dem Moment, wo die Hinterbliebenen zu erzählen anfingen, mit der Wand zu verschmelzen versuchte. Nur nicht durch eine unbedachte Reaktion die Erzählerin irritieren. Trotzdem beendete sie den Satz nicht.

»Das war eben diese Kultur«, brach sie ihren Erklärungsversuch ab. »Trotzdem kann ich ihm nicht verzeihen. Diese Männer haben gelernt, dass man die Töchter mit Schlägen vor der Welt beschützen muss. Und nicht nur der Vater war so. Meine Brüder waren noch schlimmer.«

Sie lächelte.

»Das war aber alles nicht so schrecklich. Bis ich heiraten sollte. Mit fünfzehn Jahren. Da hat es erst richtig angefangen. Ich habe nicht mehr gehorcht. Ich bin in Deutschland geboren. Ich kannte immer schon beide Welten, wissen Sie. Ich wollte nicht verheiratet werden.«

Escher wich ihrem Blick aus und war froh, dass sie gleich weitererzählte.

»Nach mehreren Krankenhausaufenthalten bin ich von der Polizei in ein Zeugenschutzprogramm überführt worden. Ich hab Unterschlupf bei einer Familie in einer anderen Stadt bekommen. Dort habe ich den neuen Namen Gabi angenommen.«

»War es eine nette Familie?«

»Ja, eine sehr gute Familie. Erst mit 18 bin ich wieder ausgezogen.«

»Und Ihrem Mann haben Sie das nie erzählt?«

»Das wäre einfach zu gefährlich gewesen. Die Polizei hat mir eingeschärft, dass ich es nie wem sagen darf. Niemandem! Die Gefahr war zu groß, dass einer meiner Brüder noch nach Jahren auf die Idee kommt, die Schande von der Familie zu waschen. Mit meinem Blut, wissen Sie, das sind so die Vorstellungen von Ehre und so weiter.«

Escher schluckte.

»Jetzt ist es also heraus«, sagte Gabi. »Ja. Fühlt sich komisch an. Sie dürfen es niemandem verraten.«

»Natürlich nicht.«

»Keinem Menschen!«

In seinem Beruf hatte Escher schon viele wilde Familiengeschichten gehört. Je intakter die Familien auf den ersten Blick wirkten, umso tiefer taten die Abgründe sich auf. Aber noch nie hatte ihm eine Witwe ein derartiges Geheimnis anvertraut.

Uiiidhhh.

»Als wir schon lange verheiratet waren, habe ich einen meiner Brüder auf der Straße gesehen. Ich weiß nicht, ob er mich verfolgt hat, oder ob er mich nur zufällig bei einem Hauptstadtbesuch entdeckte. Damals war meine Tochter vier Jahre alt. Ich lief nach Hause und sagte zu meinem Mann, dass ich umziehen möchte.«

Escher blickte von außen auf sich, wie er hier vollkommen ruhig saß, als hätte ihn der Schlag getroffen. Er stellte sich vor, dass es sich dabei nur um seine escherförmige Schlangenhaut handelte, während der echte Escher unsichtbar aufstieg und sich in eine andere Welt davonmachte.

»Er willigte ein, ohne eine Frage zu stellen. So war er. Er hatte keine Ahnung, warum ich umziehen musste. Aber er verstand, wenn etwas wichtig war. So sind wir hierhergekommen.«

»Vor zehn Jahren war das?«, fragte Escher und ärgerte sich, dass seine Stimme klang, als wäre er gerade in den Stimmbruch gekommen.

»Ja fast. Manchmal ist mir der Gedanke gekommen, dass ich vor allem deshalb mit ihm zusammen war. Weil er nichts gefragt hat. Mit einem anderen Mann hätte ich ja gar nicht leben können. Der Fragen stellt. Ich durfte ihm die Wahrheit ja nicht erzählen. Wenn man es einem Einzigen erzählt, funktioniert der Zeugenschutz nicht. Deshalb hatte ich davor auch nie eine richtige Beziehung, wissen Sie? Nur oberflächliches Zeug. Aber mit ihm war es kein Problem. Er war ein diskreter Mensch. Ich liebe diskrete Menschen. Gibt es sehr selten. Diskrete Menschen gibt es fast gar nicht mehr. Oder vielleicht hat es sie nie gegeben. Die Leute wollen immer alles wissen.«

Escher schüttelte den Kopf. Ihm war schon das, was er bisher wusste, viel zu viel. Er fragte sich, ob mit dem oberflächlichen Zeug Sparepartner Jens gemeint war. Seine Fußsohlen machten eine Lockerungsübung, die er ihnen nicht befohlen hatte, und brachten seine Knie und Oberschenkel und seinen ganzen Körper zum Vibrieren.

»Womöglich war er so, weil er aus der Schweiz stammte«, sagte Gabi.

»Ihr Mann war Schweizer?«, fragte Escher so verblüfft, als wäre es die größte Überraschung seines Lebens.

»Ja«, lachte die Witwe. »Er war aber kein Schweizer. Er hat nur gesagt, dass er aus der Schweiz stammte. Ich rede Unsinn.«

»Hat er es gesagt, um sich interessant zu machen?«

»Nein, nicht um sich interessant zu machen. Er wollte nur seine wahre Herkunft verbergen.«

»Und wann hat er Ihnen die Wahrheit erzählt?«

»Nie«, antwortete die Witwe. »Er war überhaupt ein Geheimniskrämer. Gerade das hat mir gefallen.«

»Aber waren Sie denn nicht neugierig?«

»Vielleicht schon. Aber in erster Linie war ich froh, dass er nichts gefragt hat. Geheimnisse werden nicht unbedingt interessanter, wenn man sie kennt. Jedenfalls kann ich Ihnen nur sagen, was ich weiß. Und das ist nicht viel.«

»Es geht nicht nur um Fakten«, sagte Escher. Wie ein Ertrinkender klammerte er sich an seine Trauerredner-Expertise. »Die Fakten, die ich bei meiner Arbeit von den Hinterbliebenen geliefert kriege, sind ja auch nur Erfindungen. Nicht, weil sie lügen, sondern –«

Der Blick der Witwe wurde so leer, dass er sich vorkam wie ein Messeverkäufer, der sein Ramschprodukt unter die Leute zu bringen versuchte. Dabei war es der wichtigste Grundsatz von guten Trauerreden. Je mehr Fakten über die Verstorbenen man in seine Trauerrede packte, umso weniger fühlten die Hinterbliebenen sich getröstet. Meist reagierten sie ablehnend, rieben sich daran auf, dass ein Detail nicht genau stimmte. Entweder hatte er etwas nicht begriffen, oder die Vertrauensperson hatte die Tatsachen verdreht, hatte alles zusammen nicht richtig erzählt. Daten stimmten nicht, Namen wurden verwechselt, und jedenfalls wurde die verstorbene Person nach Meinung der Hinterbliebenen in ein vollkommen falsches Licht gerückt.

Die Rechthaberei verschiedener Verwandtschaftslager über die Faktenlage war aber nicht das eigentliche Problem. Selbst wenn sie sich einig waren, konnte aus der Nacherzählung eines Lebens keinerlei Trost entspringen. Tatsächlich waren es die trostlosesten Häufchen von Hinterbliebenen, die sich auf die Fakten einigen konnten. Nicht einmal den Trost des leidenschaftlichen Verwandtenstreits, der sinnlosen Bezichtigungen und blindwütigen Verletzungen gönnten sich diese kalten Fische. Das Problem war einfach die Trostlosigkeit des Faktischen.

Natürlich konnte man als Trauerredner auch nicht einfach

etwas erfinden. Es ging darum, mit seinen Worten den Übergangsbereich zu berühren. Die unsichtbare Nahtstelle zwischen den Welten des tatsächlich Geschehenen und des möglich Gewesenen. Wie ein Kletterer durfte man von diesem Grat nicht abrutschen und weder in den Himmel reinen Wortgeklingels noch in die Faktenhölle des gelebten Lebens stürzen. Der Kletterer blieb stehen, indem er gleichzeitig auf beide Seiten fiel. Escher vermutete, dass es dieselbe Nahtstelle war, an der alle Ideen und Erkenntnisse zu Hause waren. Man durfte sich nicht von den Fakten entfernen, aber auch nicht daran kleben. Es ging einzig und allein darum, sich absichtslos in der Nähe aufzuhalten.

»Ich mochte ihn sowieso, wie er war«, sagte die Witwe. »Was soll ich da rumstochern?«

»Das kann ich verstehen.«

»Was?«

»Dass das Geheimnis anziehend ist. Die meisten Menschen haben ja überhaupt keine Geheimnisse. Und das, was sie für Geheimnisse halten, ist –«

»Ich kannte mich von Anfang an mit ihm aus«, unterbrach die Witwe seine wieselburgerhafte Anbiederung. »So etwas spürt man bei der ersten Begegnung. Zumindest bei mir war das so. Wie er die Alarmanlage ausgebaut hat. Er war ein sanfter Mann. Er war sanft. Er hat alles lange angeschaut, bis er es verstanden hat. Durchschaut. Ein bisschen blöd hat er dabei gewirkt. Aber er war nicht blöd, er war einfühlsam. So war er. Sanft. Plötzlich ohrfeigt er unsere Tochter!«

»Aaaahl«, versuchte Escher, sie zu unterbrechen, aber seine Zunge fühlte sich an, als wäre dem Zahnarzt die Spritze ausgekommen.

»Ein gewalttätiger Mann ist genau das, was für mich nicht in Frage kommt. Nicht einmal das Lautwerden kann ich akzeptieren. Wegen meiner eigenen Geschichte hab ich da null Toleranz. Und ich spürte bei unserer ersten Begegnung, dass er nie laut werden würde. Oder gar gewalttätig. Er war –«

»Ich darf Sie nicht länger beanspruchen«, unterbrach Escher sie wie ein durchdrehender Alkoholiker, der es nicht erwarten kann und mitten in der Festrede sein Glas zum Trinkspruch erhebt. Er verfluchte sich, dass er nicht früh genug gegangen war. Er wollte es nicht wissen. Er hatte Angst davor, was die Witwe ihm noch erzählen könnte.

»Er hat richtig fest zugeschlagen. Richtig fest! Er war in Rage! So hab ich ihn nie gesehen.«

»Warum war er so zornig?«, fragte Escher. Jetzt war es zu spät, um sich davonzumachen.

»Wegen nichts. Man ist doch immer wegen nichts zornig.«

»Und wie hat Ihre Tochter reagiert?«

»Sie ist davongerannt. Er hat sie nie wiedergesehen.«

»Wann war das?«

»Ist alles erst ein paar Tage her. Darum war er ja in der Arbeit so durch den Wind, dass das passieren konnte.«

Escher nickte. Er fühlte sich sehr schlecht. Wie ein alter Mann stützte er sich beim Aufstehen mit einer Hand auf der Tischplatte ab und streckte ihr die andere zum Abschied hin. Seine Knie waren die einer Marionette, aber niemand spannte die Fäden. Er spürte, wie die Panik in ihm aufstieg.

Zu Hause war er so erschöpft, dass er sich nicht aufraffen konnte, die Trauerrede zu schreiben. Obwohl sie überreif in seinem Kopf lag und von innen an die Stirn klopfte, konnte er sich nicht überwinden. Während er das Puzzle *Schwarzes Loch 3* aus dem Regal nahm, spürte er, wie die Rede langsam aus seinem Gehirn verschwand. *Schwarzes Loch 3* hatte ihm schon oft geholfen, wenn er nicht mehr weiterwusste. Oder *Unendliches Labyrinth*. Oder *Selbstporträt im konvexen Spiegel*. Wenn er nicht mehr aus und ein wusste. Aber kaum, dass *Schwarzes Loch 3* auf dem Boden lag, sehnte er sich nach *Unendliches Labyrinth*. Er schüttete es neben *Schwarzes Loch 3*, doch als er anfing, spürte er gleich, dass er heute nicht einmal Zugang zum *Unendlichen Labyrinth* haben würde. Er starrte den Haufen des ausgestreuten *Schwarzen Lochs* und des *Unendlichen Labyrinths* an, als würde er zum ersten Mal im Leben so etwas sehen. Was sollten all diese bizarr geformten Schnipsel? Dass es hier um das Zusammenbauen eines ganzen Bildes ging, schien ihm vollkommen entfallen zu sein. Sein Hirn war damit beschäftigt, sich blöd zu stellen. Aber auf Dauer konnte er die Frage einfach nicht ignorieren. Er musste wissen, wie es der Tochter des Elektrikers jetzt ging. Das Buch lag nur einen Meter entfernt. Wenn er den Kopf drehte, konnte er es sehen. Wenn er sich streckte, konnte er es erreichen, ohne sich aus dem *Schwarzen Loch* zu erheben. Wenn er es öffnete, konnte er weiterlesen.

»Wohin führt dich deine Reise?«, fragte die alte Frau, nachdem Ala ihre Schokolade (»die ist ohne Zuckerzusatz!«) abgelehnt hatte.

»Nach keineahnung Lamezia.«

»Oh, das ist aber noch weit.«

Ala schaute aus dem Fenster.

»Und du kommst aus Wien?«

Ala nickte.

»Das hab ich gleich gehört«, lächelte die Frau gütig.

»Wärst du da nicht besser über Paola gefahren?«, mischte der Greis sich ein.

»Keineahnung, ich werd abgeholt.«

Die beiden schauten sie besorgt an.

»Ich fahr zur Familie meines Vaters. Die holen mich ab.«

»Ah, schön. Dein Vater stammt von da?«

»Ja klar.«

Der Greis suchte etwas auf seinem Handy. »Lamezia – da musst du in Neapel umsteigen.«

»Und wohin fahren Sie?«, fragte Ala. Nicht, dass es sie interessiert hätte. Sie hoffte nur, die zwei würden bald aussteigen oder sterben, eins von beidem.

»Wir fahren nach Pompeji«, sagte die Alte.

Während der Greis stirnrunzelnd in seinem Handy versank, laberte sie ihr minderjähriges Opfer mit den Sehenswürdigkeiten von Pompeji voll.

»Hoffentlich verpasst du deinen Anschluss in Neapel nicht«, unterbrach er das Gerede seiner Frau. »Wir haben ja schon fünfzig Minuten Verspätung. Und das ist heute der letzte Zug, den du noch kriegen kannst.«

»Dann muss ich eben warten. Ist nicht so schlimm. Mein Akku ist aufgeladen, dann kann mir nichts passieren.«

»Eine gute Idee ist das nicht – die ganze Nacht auf dem Bahnhof von Neapel.«

Ala war genervt, und als die beiden ihr auch noch anboten, im Fall des Falles könne sie gern für eine Nacht mit ihnen ins Hotel kommen, sie würden ihr ein Zimmer zahlen, sagte sie nur: »Mein Vater hat mir schon getextet. Er holt mich in Neapel ab, falls ich den Zug verpasse.«

»Das ist aber eine weite Fahrt für ihn«, sagte der Greis skeptisch. Ala hatte schon die längste Zeit das Gefühl, dass die beiden ihr nicht glaubten. Sie machten sich Sorgen um das fremde Mädchen im Zug. Sie bezweifelten ihre Story über die Familie in Italien. Ala wusste, dass sie sich in Acht nehmen musste, sonst erwachten bei der Frau noch die Mutterinstinkte. Sie hatte ihr ja auch schon vorgeschwärmt von dieser Mutter, die man in Pompeji besichtigen konnte. Die war mit der Tochter im Arm vom Vulkan überrascht worden, und jetzt musste sie sich auf ewig dabei zuschauen lassen.

»Ist doch viel angenehmer für dich, in einem Hotelzimmer zu übernachten als am Bahnhof von Neapel«, versuchte sie Ala zu überzeugen.

»Ist auch sicherer«, schob der Greis noch nach.

Seine Frau sandte ihm einen strafenden Blick. Wahrscheinlich fand sie, dass man so etwas unter Frauen besprechen musste.

»Deinem Vater ist es bestimmt auch lieber, wenn er nicht heute noch diese Strecke durch die Nacht fahren muss, oder?«, sagte sie.

Ala zuckte mit den Schultern. Sie musste die beiden so schnell wie möglich loswerden.

»Und für dich ist es auch bequemer. Und morgen früh guckst du dir die Ausgrabungen an, das ist wirklich sehr interessant! Das wirst du nie vergessen! Und dann fährst du weiter. Ist doch viel gemütlicher, nicht?«

Als müsste sie nur kurz zur Toilette, verzog sie sich aus dem Zugabteil. Ihren Rucksack ließ sie zurück. Zumindest bis Neapel war der bei den beiden Quälgeistern in Sicherheit. Nur das Buch nahm sie mit. Bis der Schaffner kam, konnte sie sich ja einfach in die 1. Klasse setzen und lesen.

Zwischen den Waggons stieß sie aber auf eine Gruppe junger Leute, die den Weg blockierten. Sie saßen vor der WC-Tür auf dem Boden, hatten Musik laufen, spielten Karten und tranken Bier.

»Hallo, wir kennen uns!«, rief ein blasser Junge auf Deutsch. Er hatte schwarz gefärbte Haare, und die Pickel entlang des Haaransatzes ließen darauf schließen, dass er allergisch auf das Färbemittel war. Auf seinen Oberarm war eine Dreifachsteckdose in Echtgröße tätowiert, das fand Ala zwar blöd, aber doch irgendwie gut. Vielleicht hätte sie ihm sonst gar nicht geantwortet.

»Woher weißt du, dass ich Deutsch spreche?«, fragte sie, als sie schon an ihm vorbei war.

»Geraten«, sagte er.

»Und woher kennst du mich?«

»Du bist im Zug nach Neapel an mir vorbeigegangen«, verkündete er theatralisch. »Ich saß am Boden vor der Klotür und hatte eine Bierdose in der Hand. Du kamst heran, ich hielt dir die Bierdose hin!«

Er hielt ihr seine Bierdose hin und sagte normal: »Erinnerst du dich nicht? War erst vor einer Sekunde, das musst du doch noch wissen!«

Sie bemühte sich, nicht zu grinsen, und ging weiter. Alle Waggons waren überfüllt, und riesige Koffer blockierten die Gänge. Nach einer ewigen Wanderung erreichte sie die 1. Klasse. Kaum, dass sie einen Platz gefunden hatte, stand der Typ mit seiner stinkenden Bierdose wieder neben ihr: »Entschuldigung, ist hier noch ein Platz frei?«

Ohne zu antworten, schaute sie zum Fenster hinaus, und er setzte sich neben sie.

»Ich bin der Elias«, stellte er sich vor und streckte ihr artig die Hand hin.

»Hallo«, sagte sie, und damit er seine Hand wegnahm, hielt sie ihm ihre Finger kurz hin.

Er lachte vergnügt: »Wieso gebt ihr die Hand immer auf diese Art?«

»Wer ihr?«

»Und warum sagt ihr, wenn man sich höflich vorstellt, nicht ebenfalls, wie ihr heißt?«

»Ich heiße Selina Katharina.«

»Nice.«

»Wie geben wir denn die Hand?«, fragte Ala.

»Na eben – dass man so was Lebloses in der Hand hält. Nicht vier Finger, sondern einen Holzrechen!«

»Wo fahrt ihr hin?«, fragte Ala ihn.

»Wer ihr?«

»Na, du und deine Kumpel da vorn.«

Er erzählte ihr, dass sie nach Pompeji fuhren. Mit der Schulklasse. Sie behauptete, dass sie auch nach Pompeji fahre.

»Auch mit Schule?«

»Spinnst? Allein natürlich.«

»Wird bestimmt voll spooky mit den ganzen Toten«, sagte er.

»Was soll daran so spooky sein?«

»Ist doch spooky mit den ganzen Toten da.«

»Keineahnung. Tot sind wir alle bald.«

»Naja, aber nicht alle gleichzeitig.«

»Das Gleichzeitige machts spooky?«

»Irgendwie schon.«

»Ich heiße übrigens Ala«, sagte Ala.

»Ah, viel besser als Selina Katharina. Ich heiß übrigens Elias.«

»Hast du schon gesagt.«

Um sein demonstratives Schweigen zu unterbrechen, mit dem er ihre Antwort umrahmte, als handelte es sich dabei um das dumpfeste Nichtbegreifen eines Scherzes aller Zeiten, fragte sie: »Und warum hast du eine MSL auf dem Oberarm?«

»Eine was?«

Sie deutete auf sein Tattoo: »Warum hast du dir eine MSL stechen lassen? Ist schon ein bisschen random, wenn du mich fragst.«

»Was ist eine MSL?«

»Das verstehst du nicht? Mehrfachsteckdosenleiste.«

»Hab ich noch nie gehört. Wer sagt so was?«

»Mein Vater. Der ist Elektriker. Der sagt das.«

»Mehrfachsteckdosenleiste«, lachte Elias.

»Und warum hast du sie?«

»Damit ich immer meinen Akku aufladen kann.«

Er griff nach ihrem Buch. »Was liest du da?«

»Ein Buch.«

Elias las ein paar Zeilen, und Ala sagte: »Das ist auch ein bisschen spooky.«

»Das Buch? Was ist daran spooky?«

»Die Personen erinnern mich an meine Familie.«

»Bücher erinnern einen doch immer an sich selbst.«

»Der Mann ist auch Elektriker. Und die Frau hat denselben Vornamen wie meine Mutter.«

»›Wie heißt die?«

»Gabi.«

»Gabi!«, lachte Elias. »Meine Oma heißt auch Gabi. Das ist

noch nicht spooky. Das ist bestenfalls ein Zufall. Über mich steht auch in der Bibel, dass ich ein Prophet bin. Und da war ich noch nicht einmal geboren.«

In dem Moment begriffen sie, dass der Zug schon in Neapel einfuhr. Sie rannten zurück in ihren Waggon. Elias musste mit seiner Gruppe aussteigen. Ala packte ihren Rucksack und informierte ihre selbsternannten Beschützer, dass sie in ihr Hotel mitkommen würde. Die beiden waren sichtlich zufrieden.

»Wo hast du denn dein Gepäck?«

»Das ist alles.«

Fünfunddreißig Minuten waren sie mit der Linie 5000 unterwegs. Elias war nicht unter den Passagieren zu sehen, auch keiner aus seiner Schulklasse. Womöglich waren die mit einem Bus zu irgendeiner Jugendherberge gefahren. Ala war angefressen, und um die Spießer zu bestrafen, schaute sie kein einziges Mal aus dem Fenster, sondern las die ganze Zeit in ihrem Buch.

Escher wurde vom Klingeln seines Telefons aus dem Schlaf gerissen. Er war erleichtert, denn im Traum hätte er gerade Nellie Wieselburger retten sollen. Ihr Leben hing davon ab, ob er es rechtzeitig schaffte, den *Ursprung der Welt* zusammenzusetzen. Im Traum war ihm dieses Puzzle allerdings fehlerhaft geliefert worden. Mit einem fehlenden Teil, wie es ihm vor Jahren auch in der wirklichen Wachwelt mit einem anderen Puzzle passiert war. Wie damals schrieb er auch im Traum einen Brief an den Hersteller und suchte Kontakt zu anderen Puzzlespielern, die dasselbe Problem hatten. Weder in der Wirklichkeit noch im Traum gab es eine Lösung dafür.

Statt sich über das Telefonklingeln zu ärgern, war er nur

froh über die Erlösung von diesem furchtbaren Stress. Dass Nellie Wieselburger es war, die ihn so unverschämt früh anrief, wunderte ihn nicht.

»Wie geht es dir?«, fragte sie.

»Schlecht«, sagte Escher. »Ich hab von einem Puzzle geträumt.«

»Welches Puzzle war es denn?«

»*Der Ursprung der Welt.*«

Sie lachte kindisch. »Das ist doch positiv.«

»Warum rufst du an?«, fragte Escher genervt, denn er hatte keine Lust, ihr Näheres von dem Traum zu erzählen.

»Die Frau hat mich angerufen.«

»Was für eine Frau?«

»Na, die Witwe.«

»Dich hat sie angerufen?«

»Ja, sag ich doch.«

»Wieso ruft die dich an?«

»Na, der Auftrag läuft doch über meine Firma, schon vergessen? Besser gesagt, ist gelaufen.«

»Was heißt, ist gelaufen?«

»Wenn du mich nicht dauernd unterbrechen würdest, wüsstest du es schon längst. Sie sagt, sie braucht jetzt keine Rede. Es gibt nämlich kein Begräbnis.«

»Was? Wieso?«

»Sie verschiebt das Begräbnis. Bis ihre Tochter zurück ist.«

»Du, ich bin noch nicht ganz wach«, behauptete Escher, obwohl er hellwach war. »Ich kapier das gerade nicht. Was ist los mit der Tochter?«

»Mehr hat sie mir nicht gesagt. Sie sagt, die Tochter ist verschwunden.«

»Ist sie immer noch nicht zurück aus Italien?«

»Wieso Italien?«

»Ich dachte, du hast gesagt, Italien.«

»Was du immer redest. Wach einmal auf. Oder schlaf weiter. Du hast frei. Sie kann jetzt kein Begräbnis veranstalten, während die Tochter in Gefahr ist.«

»Wieso soll die denn in Gefahr sein?«

»Ich hab keine Ahnung. Sie hat nichts Genaueres erzählt. Jedenfalls hat sie die Rede storniert.«

»Aber sie braucht ja nachher trotzdem eine Rede.«

»Weißt du was? Mach du dir das mit ihr aus. Du hast doch die Rede eh nur gebraucht, um mit mir in Kontakt zu kommen, gibs zu«, lachte Nellie Wieselburger.

»Sehr lustig.«

»Aber mich kannst jetzt auch so wieder anrufen. Wann immer du willst. *Ursprung der Welt* können wir gern einmal gemeinsam zusammenbauen.«

Escher legte auf und hoffte, dass er noch einmal einschlafen konnte, wenn er ein paar Seiten las. Auch Ala hatte eine zu kurze Nacht. Sie war zum ersten Mal allein in einem Hotelzimmer. Sie konnte nicht schlafen. Das Buch war einfach zu spooky. Etwas stimmte nicht damit. Wie wenn man durch ein Fernglas schaute, aber verkehrt herum. Dass einem schwindelig wurde. Sie wollte sich nicht mit diesem Opfer identifizieren. Das Einzige, was sie beruhigte, war der Gedanke an Elias. Der war auch kein Prophet, obwohl es in irgendeiner Bibel stand.

Sie schaute auf ihr Handy, ob Carlotta auf ihre Nachricht reagiert hatte. Ala hatte ihr geschrieben, dass sie wegen der Zugverspätung eine Nacht in Pompeji einlegen musste. Doch auch am Morgen gab es noch kein Lebenszeichen von der Cousine ihres Vaters. Ala beruhigte sich damit, dass es noch früh war. Carlotta war ja so alt wie ihr Vater, bestimmt gehörte auch sie zu diesen Freaks, die tagelang offline waren und ihre Nachrichten bestenfalls einmal am Tag checkten. Dazu passte allerdings nicht recht, dass sie sich auf FAMILYTREE bewegt hatte. Ala versuchte, sich einen Reim auf Carlottas Verstummen zu machen. War es möglich, dass sie wegen der Verspätung eingeschnappt war? Ala schrieb ihr noch einmal, dann ging sie in den Frühstücksraum.

Wenn sie rechtzeitig zum Frühstück käme, hatten die Spießer ihr versprochen, könne sie anschließend mitkommen zu den weltberühmten Ausgrabungen. Sie hatte sich vorgenommen, so spät wie möglich zum Frühstück zu gehen. Jetzt aber dachte sie, dass es vielleicht doch eine gute Idee war, die Ruinen zu besichtigen. Vielleicht würde sie dort Elias wieder begegnen? Er musste doch mit der Schulklasse bestimmt auch die Toten besichtigen.

Die Spießer taten, als hätte ihnen noch nie jemand eine größere Freude gemacht. Sie zahlten ihr sogar das Eintrittsticket, obwohl sie genug Geld dafür gehabt hätte. Der Greis war stolz, dass er es schaffte, ihr Ticket vom Frühstückstisch aus online zu kaufen. Als er die Bestätigung bekam, sagte er strahlend: »That's the way the cookie crumbles.«

Die Alte lachte, als hätte er einen Witz gemacht.

Ala schwor sich, dass sie nie so werden würde. Jung sterben war viel besser. Daran erinnerte sie sich in den folgenden Tagen oft, dass sie das gedacht hatte. Lieber jung sterben als so werden. Es war spooky, dass sie das gedacht hatte.

»Diese Online-Tickets«, sagte der Greis. »Früher hat mich das immer verrückt gemacht. Ich bin ja nicht digital native. Aber mit der Zeit komme ich rein. Ich hab mich damit beschäftigt. Ich hab mich« – er lächelte Ala schelmisch zu – »*reingenerdet.*«

»Normalerweise lässt er es mich machen, wenn keine junge Frau zusieht, die er beeindrucken will«, erklärte seine Frau augenzwinkernd. Das war *worst case*! Nichts hasste Ala mehr, als wenn alte Frauen etwas augenzwinkernd über ihren Mann erzählten.

Beim Verschlingen ihres Frühstücks fiel ihr auf, dass sie schon lange nichts mehr gegessen hatte.

»Da vorn gibt es auch Rührei, wenn du möchtest«, sagte die Frau.

Ala schüttelte den Kopf, und der Greis sagte: »Du bist wohl auch Vegetarierin wie unsere Nichte.«

»Vegan sind die«, korrigierte ihn seine Frau. »Vegetarier dürfen Eier essen.«

»Wir müssen jetzt ohnehin los«, sagte der Greis mit einem gestressten Blick auf seine gelbe Armbanduhr. Vorsichtshalber nahm Ala ihr Buch mit, falls die beiden versuchen sollten, mit ihr zu reden.

Auf dem Weg zu den Toten staunte sie, welche Massen an Lebenden hier unterwegs waren. Es war aussichtslos, Elias in diesem Gewimmel zu finden.

»Hast du in der Schule etwas über Pompeji gehört?«, fragte der Greis, während sie ein halbes Jahr in der Schlange standen.

»Ja klar«, log sie.

»In Geschichte? Oder im Kunstunterricht?«

»Ja«, sagte Ala.

»Könnte auch in Geographie gewesen sein«, schlug der Greis vor. »Vulkanausbrüche fallen wohl eigentlich unter Geographie.«

»Oder eher Geologie«, korrigierte ihn die Frau.

»Aber Geologie gibts nicht als eigenes Schulfach.«

Als sie endlich drinnen waren, entfernte Ala sich sofort von den beiden Sprechpuppen. Elias war nicht zu entdecken. Überhaupt niemand aus seiner Gruppe. Nachricht von Carlotta kam auch keine auf das Handy. Sinnlos, es alle zehn Sekunden zu checken. Sie tat es trotzdem. Ihr blieb nichts anderes übrig, als sich hier die Zeit zu vertreiben und sich ein bisschen umzusehen.

Elias hatte nicht Unrecht gehabt mit seiner Prophezeiung. Es war schon spooky irgendwie. Dass hier alle gleichzeitig krepiert sind. Das Gleichzeitige ist spooky. Im Schlaf überrascht. Ala freute sich darauf, ihrer Freundin Selina Katharina alles zu erzählen. Die Leute sind schlafen gegangen, und dann sind sie nicht mehr aufgewacht. Die haben sich beim Schlafengehen noch ein neues Mosaik für ihr Badezimmer überlegt, und dann sind die im Schlaf mit der Lava zugedeckt worden. Vom Vulkan. Vesuv. Der Vesuvio. Der ist ausgebrochen. Vorher haben die ein luxuriöses Leben geführt. Was die eben damals als luxuriös empfunden haben. Die damaligen Spießer. War ja alles noch nicht erfunden früher. Aber die hatten auch ihre Sachen. Mosaike und Bäder und so. Und Sklaven. Selina Katharinas Mutter ging immer auf Wellness. Die Mütter von den anderen auch. Wegen den Masseuren. Obwohl sie es nicht zugaben, dass es wegen den Masseuren war. Sie waren scharf auf die Masseure. Es hieß Anwendung. Wellness war das Letzte. Es war einfach nur ur-icky! Die ganzen Masseure und die ganzen unbefriedigten Mütter ihrer Freundinnen.

Am schlimmsten war, dass hier so viele Schaulustige herumliefen. Amerikaner, Franzosen, Chinesen, Deutsche. In der

Hitze stanken sie alle wie die Pest. Vielleicht brach hier bald die Pest aus. Ausgerechnet an der Stelle, wo der Vulkan ausgebrochen ist, bricht jetzt die Pest aus. Wegen dem Gestank der Leute. Das wäre ein spooky Zufall. Es gab hier jeden Tag mehr Besucher als Tote insgesamt. Fünftausend Leute hat der Vulkan gekillt. Angeblich. Wie will man das so genau wissen? Täglich zehntausend Besucher in Pompeji, hat der Führer einer Gruppe erklärt, dem sie kurz zuhörte. Doppelt so viele Besucher wie Tote! Klar weiß man, wie viele Tickets pro Tag verkauft werden. Aber wie viele Tote, da hat es ja keine Tickets gegeben. Nicht einmal Begräbnisse. Massenbegräbnis. Heute weiß man solche Sachen viel besser. Wegen DNA und so, wie bei FAMILYTREE. *Ich bin ja nicht digital native*, das war so lächerlich.

Ala stand gerade vor einer versteinerten Leiche – sie hieß »Mutter mit Kind«, aber woher wollten die wissen, dass es die Mutter war, es konnte doch auch die Nanny sein –, als sie Elias in der Ferne sah. Sie rief ihn, aber nur ein paar Idioten drehten sich um, und als sie ihm zu folgen versuchte, standen ihr so viele Touristen im Weg, dass er gleich wieder von der Menge verschluckt war.

Auch Carlotta hatte immer noch nichts geschrieben, und um den ganzen Wahnsinn hier zu vergessen, setzte Ala sich hinter ein Toilettengebäude in den Schatten und versenkte sich in ihrem Buch. Erst gegen Mittag wachte Escher an diesem Morgen zum zweiten Mal auf. Er rief sofort bei der Witwe an, aber sie ging nicht ans Telefon. Nach einer Ewigkeit in der Warteschleife des Elektrikers erreichte er dort zwar die Chefin, aber sie konnte ihm auch nicht mehr erzählen, als er schon von Nellie Wieselburger wusste. Das Begräbnis sollte erst stattfinden, wenn die Tochter wieder da war.

Er ging ins Bad, machte sich einen Kaffee, nahm seinen Rucksack und fuhr mit der Straßenbahn zur Witwe.

Uidhhh. Mangel haben. Eine Leere verspüren. Er verstand nicht, was hier abging. Was lief hier eigentlich? Das Bild setzte sich nicht zusammen. Er hatte einen Mangel an Informationen. Er hatte ein Zuviel an Informationen. Eine unendliche Leere öffnete sich unter seinen Füßen.

Er schlug vor Top 17 auf. Die Witwe öffnete ihm verheult die Tür.

»Hat Ihre Chefin es Ihnen nicht gesagt?«, begrüßte sie ihn.

»Meine Chefin?«

»Die Frau Magister Wieselburger. Ich hab sie doch angerufen.«

»Ja«, sagte Escher. »Darum bin ich hier.«

Sie schaute ihn verständnislos an.

»Was ist mit Ihrer Tochter?«

»Sie ist weg.«

»Wo ist sie?«

Sie schüttelte den Kopf.

»Tut mir leid. Ich kann jetzt nicht mit Ihnen reden«, sagte sie, blieb aber in der Tür stehen, als wollte sie ihn auch nicht gehen lassen.

Escher wusste nicht, wohin mit sich, und wartete verlegen ab.

»Haben Sie Kinder?«

»Nein«, antwortete Escher. »Kinder habe ich keine. Hat sich leider nie ergeben.«

Er hätte nicht unbedingt heucheln müssen. Die Witwe hörte ihm ohnehin nicht richtig zu. Sie war mit ihren Gedanken ganz woanders.

»In letzter Zeit hat sie angefangen, sich für unsere Vergangenheit zu interessieren. Plötzlich ist sie neugierig geworden. Auf unsere Geschichte, wissen Sie.«

Escher wusste es. Er wusste es nur zu gut. Aber er wollte es nicht wissen. Und er ließ sich nichts anmerken.

»Gehört vielleicht zu dem Alter«, sagte er vorsichtig.

»Ja, vielleicht. Sie hat angefangen, in unseren Sachen herumzuschnüffeln. Meinen Mann hat das genervt. Sie hat es aber nicht böse gemeint.«

»Wahrscheinlich im Gegenteil«, sagte Escher.

»Ja. Es hat sie eben interessiert. Aber dann hat sie sein Foto ins Internet gestellt. Bei so einer Suchmaschine. Wo man Vorfahren sucht.«

»FAMILYTREE?«, fragte Escher.

»Sie kennen das?«

Escher nickte.

»Nach der Ohrfeige, die sie von ihm dafür gekriegt hat, war sie weg. Ich kann sie sogar verstehen«, sagte die Witwe.

»Sie konnte ja nicht wissen, dass er –«

»Dass sie ihn nie wiedersehen wird.«

Escher schluckte. Er war froh, dass sie das Gespräch beendete.

»Und bevor sie nicht zurück ist, gibts kein Begräbnis«, sagte sie, nickte ihm zu und machte die Tür zu.

Er starrte noch kurz auf die Zahl »17« vor seiner Nase und ging zu Fuß die Treppe hinunter. Versehentlich ging er einen Treppenabsatz zu weit, und als er bemerkte, dass er statt zur Haustür schon Richtung Keller unterwegs war, stieg Panik in ihm auf. Wenn er noch einen Schritt machte, würde er in einen Sog geraten und Treppe um Treppe ewig hinuntersteigen müssen wie in diesem Puzzle, das er schon so oft zusammengebaut hatte. Um diese Panik zu unterbrechen, setzte er sich auf die Stufe und kramte das Buch aus seinem Rucksack.

Von den Menschenmassen bekam Ala Beklemmungen. Immer mehr Lebende mischten sich unter die Toten, immer mehr schwitzende Pestkandidaten standen vor den Toiletten Schlange, und der Schatten, dem Ala schon ein paarmal nachgerückt war, verschwand endgültig. Irgendwohin musste sie flüchten. Sie fragte sich, ob sie das Wort FAMILYTREE wirklich in dem Buch gelesen hatte, oder ob sie schon einen Sonnenstich hatte. Womöglich hatte die Pest sich schon in ihrem Hirn eingenistet. Zum Glück kam in dem Moment eine Nachricht von Carlotta.

»Where are you?«

Sie solle schnell zum Hotel kommen. Abholservice. Carlottas Brüder warteten schon vor dem Hotel. Ein weißer Renault direkt vor dem Eingang.

Die Spießer waren nicht begeistert davon, dass Ala sich so überstürzt verabschiedete. Sie solle doch nicht gehen, bevor sie wenigstens das Wichtigste gesehen hatte. Wenigstens das Wichtigste, sagten sie abwechselnd immer wieder. Willst du nicht wenigstens das Wichtigste sehen. Da tat es ihr schon wieder leid, dass sie sich überhaupt verabschiedet hat. Immerhin hätte sie auch einfach so abhauen können. Sie gab ihnen sogar die Hand. Trotz Pestgefahr. Und weg war sie.

»My brothers are waiting in front of your hotel«, hatte Carlotta Esposito geschrieben.

Ala sah sie schon von der Ferne. Zwei Typen, einer ur-cute, einer komplett lost. Sie begrüßten sie mit einem strahlenden Lächeln. Zumindest der Größere. Der hatte echt ein schönes Lächeln. Der Kleinere hatte einen Zahnstocher im Mund, und sein Lächeln war entsprechend debil. Er hielt ihr die Beifahrertür auf, ohne den Zahnstocher herauszunehmen. Das hieß, sie durfte vorn sitzen, sie musste nicht hinten sitzen. Das fand sie gut.

»But first I must get my bag from the hotel«, erklärte sie den beiden.

Mit einer seltsamen Kopfbewegung deutete der Zahnstochermann auf den Rücksitz. Dort lag ihr Rucksack.

»But!«, stotterte Ala verwirrt. »How? It was in the hotel.«

Jetzt nahm er endlich den Zahnstocher heraus, hielt ihn zwischen Daumen und Mittelfinger und zeigte mit dem frei gebliebenen Zeigefinger auf den Fahrer: »This is Fabio. I am Corrado.«

Wie sie an den Rucksack gekommen waren, erklärte Corrado nicht.

Vermutlich mit dem Einserschmäh, sagte sich Ala. Sie hätte es gern gesagt, wusste aber nicht, wie es auf Englisch hieß. Bestimmt nicht »trick seventeen«. Und auf Italienisch? Keineahnung. Ganz wohl war ihr nicht bei der Sache. Aber wenn sie die Wahrheit herausfinden wollte, durfte sie sich nichts anmerken lassen. Sie schmiss sich auf den Beifahrersitz, als wäre sie eine Millionärstochter aus Malibu oder eine weltberühmte Sängerin, und Fabio ihr gutmütiger Chauffeur und Corrado ihr dumpfer Leibwächter. Sie musste ihrem Personal unbedingt beibringen, ein weniger ekelhaftes Parfum zu verwenden.

Kaum, dass sie losgefahren waren, erkundigte Carlotta sich, ob alles in Ordnung war, und Ala schickte einen Daumen hoch. Dabei war keineswegs alles in Ordnung. Der Fahrer nervte sie, weil er sie mit einem furchtbaren Englisch vollllaberte. Sie hatte aber keine Lust, mit dem zu quatschen. Keine Lust und keine

Zeit. Sie musste endlich wissen, was es mit dieser Ohrfeige auf sich hatte. Am liebsten hätte sie sich selbst dafür geohrfeigt, dass sie sich nicht die Nummer von Elias besorgt hatte. Jetzt hätte sie ihn zu gern gefragt, ob der Herr Bibelprophet das immer noch nicht spooky fand. Top 17 und Gabi war nicht alles. Auch noch FAMILYTREE und Ohrfeige! Obwohl ihr schlecht wurde, wenn sie in einem Auto las, ignorierte sie Fabio und schlug ihr Buch auf.

Als die Witwe Gabi den Müll hinuntertrug, entdeckte sie Escher auf der Kellertreppe.

»Geht es Ihnen nicht gut?«, fragte sie erschrocken und lud ihn nun doch in ihre Wohnung ein.

Sie bot ihm einen Platz auf dem Sofa an und schenkte ihnen beiden eine Tasse Tee ein. Escher lehnte den Zucker ab und dachte, dass er noch nie so einen starken Tee getrunken hatte, während sie zu dem Klingeln, das ihr Löffel beim Umrühren erzeugte, zu erzählen begann.

»Sie hat mit ihrem Suchinserat wirklich seine Verwandten aufgestöbert. In Kalabrien!«

Jetzt nahm er doch ein Stück Zucker, um nicht auf der Stelle verrückt zu werden.

»Sie konnte ja nicht ahnen, dass ihr Vater im Zeugenschutz war. Ich hab das doch auch nicht gewusst. Ich dachte immer, ich bin diejenige, die im Zeugenschutz ist. Aber er auch! Man darf darüber ja nicht reden.«

»Und durch Ihre Tochter ist es aufgeflogen? Hat sie es Ihnen erzählt?«

»Nein, erzählt hat sie gar nichts. Sie ist einfach verschwunden. Nach der Ohrfeige war sie weg.«

»Ist Ihre Tochter zu den Verwandten gefahren?«

Gabi lachte bitter. »Das klingt so nett. Verwandtenbesuch. Aber das sind keine normalen Verwandten! Vielleicht sind es gar keine Verwandten. Oder sie sind alle irgendwie miteinander verwandt in diesen Käffern. Was weiß ich. Auf jeden Fall sind es die Leute, vor denen er auf der Flucht war. Im Zeugenschutz. Dann hat er einen Anruf bekommen. Sie haben unsere Tochter. Sie ist zu ihnen gefahren, und sie haben sie eingesperrt.«

»Wann war das?«

»An dem Abend bevor er gestorben ist, ist der Anruf gekommen. Unsere Tochter war dran. Sie hat in das Telefon geheult. Mein Mann hat auf sie eingeredet. Aber dann muss ihr wer das Telefon weggenommen haben. Mein Mann hat auf einmal in einer Sprache geredet, die ich noch nie gehört habe. Nicht normales Italienisch, wie man es kennt. Von Liedern oder Filmen.«

»Ein Dialekt?«

»Wahrscheinlich. Ein entsetzlicher Dialekt. Wie nach einer Zahnoperation mit betäubtem Mund. So hat das geklungen. Am nächsten Morgen ist mein Mann sehr niedergeschlagen zur Arbeit gegangen. Und ist nie mehr zurückgekommen.«

»Und Sie haben nicht gewusst, dass er unter Zeugenschutz stand?«

»Natürlich nicht! Erst nach dem Anruf hat er es mir gesagt.«

»Das muss furchtbar sein.«

»Furchtbar war, ihn so niedergeschlagen in die Arbeit gehen zu sehen. Ist Ihnen denn nichts aufgefallen?«

»Mir?«, fragte Escher verblüfft.

»Na, als er zu Ihnen gekommen ist. Haben Sie nichts bemerkt? Er muss doch völlig durcheinander gewesen sein.«

»Er war sehr still. Aber ich wusste ja nicht, wie er sonst ist.«

War, dachte er, korrigierte sich aber nicht.

»Sie konnten ja nicht wissen, dass dieser Elektriker gerade einen Anruf von den Entführern seiner Tochter bekommen hat.«

Escher befand sich in einer unerträglichen Zwickmühle. Er hatte versehentlich ihren Mann getötet, und jetzt lieferte die Witwe ihm das perfekte Alibi. Zum ersten Mal seit dem Unfall war er nahe daran, mit der Wahrheit herauszurücken. Er wollte sagen: »Es war kein richtiger Unfall.« Aber vielleicht war das jetzt, wo die Witwe nur noch aus Angst um ihre Tochter bestand, für sie überhaupt nicht entscheidend.

»Manchmal denke ich, er hat es absichtlich getan«, sagte Gabi. »Um die Blutrache von unserer Tochter abzuwenden. Wenn er tot ist, können sie die Tochter gehen lassen.«

Fast musste Escher lachen. Sollte das heißen, er hatte möglicherweise mit dem Griff nach dem Sicherungsschalter ihrer Tochter das Leben gerettet?

»Aber so ist es nicht«, sagte die Witwe. »Sie haben sie immer noch nicht freigelassen.«

Escher fragte, ob er ihr Bad benutzen dürfe. Er musste kurz allein sein. Er sperrte zu und setzte sich auf den Badewannenrand. Das Bad des Elektrikers war viel schöner als sein eigenes. Die zentimeterkleinen Fliesen an den Wänden erzeugten ein magisches Glitzern. Der Boden war ein echter Terrazzoboden. Da hätte sie sich gleich denken können, dass ihr Mann Italiener war, dachte Escher verärgert. Obwohl er die Toilette nicht benutzt hatte, drückte er die Spülung und wusch sich die Hände. Er versuchte, sein Gesicht nicht im Badezimmerspiegel des Elektrikers zu sehen, und ihm fiel auf, dass seine Hände aussahen wie in dem Puzzle *Pontius Pilatus wäscht seine Hände in Unschuld.*

»Und Sie haben erst durch den Anruf erfahren, dass Ihr Mann im Zeugenschutz lebt?«, fragte er beim Betreten des Wohnzimmers.

»Ja, wir waren die ganze Nacht auf, und er hat mir alles erzählt. Die ganzen Lucianos und Tonis und Ginos. Mir hat der Kopf geschwirrt«, lachte die Witwe. »Aber das kann ich Ihnen jetzt nicht auch noch erzählen. Ich bin so müde.«

Escher war froh, dass die Witwe ihn bat, sie allein zu lassen. Bevor er ging, fragte er nur noch: »Haben Sie ihm verraten, dass Sie eigentlich auch anders heißen?«

»Nein«, sagte die Witwe. »Ich wollte. Aber es war zu viel auf einmal. Das hab ich auf den nächsten Tag verschoben. Aber den nächsten Tag hat es nicht mehr gegeben.«

Escher ging auf schnellstem Weg nach Hause, um aus dem Buch mit den ganzen Lucianos und Tonis und Ginos zu erfahren, wie es weiterging.

Vom Lesen war Ala schlecht geworden, und sie bat Fabio, kurz stehen zu bleiben. Der tat, als hätte er sie nicht gehört. Dafür reichte ihr Corrado von hinten eine Wasserflasche. Immerhin. Sie beklagte sich bei Carlotta, dass die beiden sie nicht aussteigen ließen, und Carlotta antwortete ihr schon nach einer Sekunde. Sie solle das nicht falsch verstehen, sie seien gleich da.

»Arriviamo subito.«

Ala verstand »subito« und beruhigte sich. Sie fragte sich nicht, warum die Antwort auf Italienisch kam. Das warf sie sich später immer wieder vor. Sie kapierte einfach nicht, dass Corrado es war, der auf dem Rücksitz ihre Nachrichten empfing und ihr antwortete. Wie konnte man nur so blöd sein! Sie kam einfach nicht auf die Idee, dass ihre Nachrichten auf Corrados Handy landeten. Sie kam auch nicht auf die Idee, dass sein Wasser der Grund für ihre plötzlich einsetzende Müdigkeit war. Die Musik wurde immer langsamer. Ein Tunnel folgte auf den nächsten. Sie bestaunte das Muster, das die Lichtpunkte erzeugten. Sie fragte sich –

Als sie ankamen, wusste sie im ersten Moment nicht, wie lang sie geschlafen hatte. Im zweiten auch nicht. Sie wusste die Zeit nicht mehr, denn sie hatten ihr das Handy weggenommen. Corrado packte sie so grob am Oberarm, dass sie aufschrie. Er führte sie in den hässlichsten Plattenbau, den sie je gesehen hatte. Der Lift stank nach Zigarettenrauch und Pisse. Er war von oben bis unten beschmiert. Ordinäre Zeichnungen, Namen und unverständliche Wörter. Mit Scheppern und Rumpeln und einem lauten Knall bewegte der Lift sich von der Stelle. Ala hatte Angst, dass er steckenbleiben würde. Oder abstürzen. Lieber abstürzen als mit Corrado hier steckenbleiben. Ganz oben hielt die Kabine mit einem Ruck, als wäre er tatsächlich abgestürzt. Corrado zerrte sie hinaus, sperrte eine der Türen auf und stieß sie in die Wohnung.

Es war dasselbe heruntergekommene Loch mit zugeschraubten Fenstern, in dem sie auch jetzt noch saß. »Jetzt« war drei Tage, nachdem man sie hierhergebracht hatte. Oder vier. Sie hatte jedenfalls schon ein paarmal geschlafen und war ein paarmal aufgewacht. Aber sie schlief auch tagsüber ein und lag in den Nächten wach. Manchmal schoben sie ihr etwas zu essen herein. Und Wasserflaschen. Wenn man sie zusammentrat, machten sie ein Geräusch. Wenn man sie an die Wand warf, störte es keinen. Vielleicht waren es auch schon drei Wochen. Keineahnung.

Solche Absteigen kannte sie nur aus Filmen. Junkies wohnten so. Draußen sah sie verlassene Wohnblocks und Lagerhallen und die Autobahn. Sie wünschte sich, dass die Autobahnbrücke einstürzte, wie sie es einmal im Fernsehen gesehen hatte. Aber die Autos fuhren immer weiter. Egal, sie schaute nicht mehr hinaus. Sie verbrachte den Tag damit, an die Decke zu starren. Sie wollte sterben, weil sie ihren Vater verraten hat. Jetzt war ihr klar, dass er mit gutem Grund ein Geheimnis aus seiner Vergangenheit gemacht hat. Und sie war das dumme Arschloch, das alles verbockt hat. Wenn sie herumschrie, reagierte niemand. Konnte man sie überhaupt hören? Was wollten die Leute von ihr? Wie spät war es? Welcher Wochentag war? Welches Datum?

Wie sollte sie das ohne Handy herausfinden? Wenigstens das Buch hatten sie ihr gelassen. Anfangs war sie zwar unfähig gewesen, etwas von dem, was da stand, zu kapieren, aber man konnte auch denselben Satz immer wieder lesen. Immer wieder konnte man denselben Satz lesen. Dann kam sie doch wieder rein und las weiter. Die Trauerreden hatten was. Als hätte dieser Escher sie für sie geschrieben. Seine Trauerreden zogen einen so hinein, dass man das Gefühl bekam, der Tote habe sein ganzes Leben noch vor sich. Der konnte die Zeit umdrehen. Für ihn fing es erst mit dem Begräbnis an. Spooky.

Ala wunderte es nicht, dass er mit seiner aktuellen Rede große Probleme hatte. Der Tote war durch seine Schuld ums Leben gekommen. Aber er konnte nicht darüber sprechen. Zu allem Überfluss klingelte es jetzt auch noch an seiner Tür. Er hatte vergessen, die Klingel abzustellen. Obwohl er die Mute-Taste liebte, hatte er die Klingel an. Er ging zur Sprechanlage und sah Nellie Wieselburgers Kopf auf dem Bildschirm. Sie stand unangemeldet vor der Tür. Escher konnte sich nicht entscheiden, ob er sie hereinlassen sollte oder nicht.

»Jetzt mach schon auf«, sagten ihre Augen, indem sie den Kopf in Richtung Kamera reckte. Sogar im Bild der Überwachungskamera war es schwer, sich ihnen zu entziehen. Vielleicht lag es daran, dass ihre Augen so weit auseinander standen, dass Eschers Hirn jetzt die Drähte vertauschte. Seine Finger verweigerten den Befehl und probten den Aufstand und drückten statt der Mute-Taste den blauen Türöffner. Um sein Gesicht zu wahren, sagte Escher wenigstens kein »Hallo« in die Sprechanlage. Überhaupt kein Wort des Erkennens oder gar der Begrüßung. Wäre ja auch irgendwie komisch, wenn er jetzt, nachdem er die ganze Zeit ihre Anrufe ignoriert hatte, noch anfinge, mit ihr zu telefonieren.

Und sie stand ohnehin schon nach ein paar Sekunden vor ihm. Wenn eine Nellie Wieselburger anrauschte, ließ der Aufzug nicht lange auf sich warten.

»Entschuldige, dass ich dich so überfalle«, sagte sie zur Begrüßung. »Aber du gehst ja nicht ans Telefon.«

»Wenn ich arbeite, stelle ich das Handy immer auf stumm«, behauptete Escher. »Und dann vergesse ich, es wieder aufzudrehen.«

»Jaja. Ich wollte dir nur schnell den Heiligen Johannes zurückbringen«, sagte sie und drückte ihm die Schachtel in die Hand.

»Das wäre doch nicht so eilig gewesen.«

Escher war stolz auf die kleine Gemeinheit, die ihm so schlagfertig eingefallen war. Tatsächlich hatte die Rückgabe etwas Plötzliches, nachdem sie den enthaupteten Johannes über zwanzig Jahre nicht aus der Hand gegeben hatte.

»Vielleicht hat es Zinsen abgeworfen, dann sind es jetzt 1100 Teile«, scherzte sie. »Musst nachzählen.«

»*Scherzende Worte im Vorzimmer*«, versuchte Escher vergebens, ihren Konterscherz zu entmachten. »So könnte auch ein Gemälde heißen.«

»Naja. Höchstens vom Dix.«

»Vom Deix?«

»Vom Deix? Vom Dix, sag ich! Otto Dix!«

»Aha. Na, komm einmal rein.«

»Du, ich muss gleich weiter.«

»Naja, ein kurzer Kaffee geht sich schon aus, oder?«

Sie verdrehte die Augen und machte mit den Händen eine theatralische Geste, als wäre sie immer noch nicht von der hysterischen Zeichnung *Scherzende Worte im Vorzimmer* heruntergestiegen.

»In der Überwachungskamera hab ich dich fast nicht erkannt.«

»Du hast mich durch die Überwachungskamera betrachtet?«

»Betrachtet nicht. Aber man ist in dem Kamerabild so zusammengestaucht. Vielleicht kannst das auch für deine Diss brauchen. Als Erweiterung. Der Schnitt und das Zusammengestauchte.«

»Das Zusammengestauchte«, sagte sie abfällig. »Das ist das Thema Perspektive. Und Perspektive interessiert mich ü!«

Sie bückte sich, um ihre Stiefel abzuziehen, die so eng waren, dass Escher sich wunderte, wie sie hineingekommen war.

»berhaupt nicht. Schnitt ist das Gegenteil von Perspektive. Perspektive ist Trick! Und Schnitt ist echt!«

Beim Kaffee versuchte er, sie noch einmal davon zu überzeugen, dass ihre Dissertation ohne das Zusammengestauchte eine halbe Sache sei, aber sie ließ ihn nur reden, und als er nicht aufhörte, erledigte sie das Thema mit einem einzigen Wort.

»Escher«, sagte sie.

Sonst nichts. Nur »Escher«. Ohne besondere Betonung, was so viel bedeutete wie: Escher, du redest viel, wenn der Tag lang ist.

Um ihm nach diesem Schlag wieder auf die Füße zu helfen, bot sie ihm ein neues Thema an: »Weißt was, ich hab deine *Enthauptung* wirklich einmal zusammengebaut.«

»Meine Enthauptung?«

»Naja, deinen Johannes. Und weißt was? Da ist mir aufgefallen, dass es bei der Enthauptung gar nicht um das Kopfabschneiden geht. Es geht um das Zusammenbauen.«

»Worum solls sonst gehen bei einem Puzzle?«

»Ich rede nicht vom Puzzle! Verstehst du nicht? Bei der Enthauptung gehts ums Zusammenbauen. Man kann die Bilder genauso umgekehrt anschauen, als würden sie den Kopf nicht abschneiden, sondern hinaufbauen! Wie wenn man den Tod umdreht, verstehst?«

»Interessant«, sagte Escher im Sinn von: Interessant, dass du so etwas Uninteressantes interessant findest.

»Ja, sehr interessant«, lachte Nellie verzweifelt. »Darum hab ich ja das Thema geändert! Das hab ich deiner *Enthauptung* zu verdanken. Man hat das Gefühl, man kann den Kopf wieder hinaufsetzen, verstehst du?«

Er verstand nicht, warum sie ihm alles zweimal erklärte, nickte aber nur mit seinem immer noch auf dem Hals sitzenden Kopf und ließ sie weiterreden.

»Wie eine Transplantation! Und weißt du, warum ausgerechnet Johannes der Täufer geköpft worden ist?«

»Naja, wegen der Frau vom Herodes.«

»Ach was, das ist doch Kinderkacke. Wegen dem Christentum! Weil die ganze Lehre den Kopf vom Körper getrennt hat, Escher! Das ist meine These. Die Nellie-Wieselburger-These. Das Christentum hat den Kopf vom Körper getrennt, lass dir das einmal auf der Zunge zergehen. Das weiß natürlich jeder, aber bei deinem Scheiß-Puzzle ist es mir zum ersten Mal so richtig bewusst geworden. Und die Maler wollen ihn wieder hinaufsetzen. Sie stellen den Kontakt wieder her zwischen Kopf und Körper – wie ein Elektriker!«

»Wie ein Elektriker?«, wiederholte Escher geschockt.

»Ja, das war mir auf einmal sonnenklar! Es ist wie ein Film, der rückwärts läuft, wenn man eine Enthauptung mit dem Puzzle zusammenbaut.«

»Ist eh super, wenn du so eine Idee in der Diss drinnen hast«, sagte Escher und drehte seinen Kopf nach dem Puzzle-Regal. Er freute sich schon, dass er ein neues anfangen konnte, wenn die hysterische Nellie endlich weg war.

»Du solltest auch noch einmal was anfangen«, sagte Nellie. »Oder willst du ewig –«

Mitten im Satz hielt Nellie inne.

»Was ist?«, fragte Escher, der diesen Blick nicht mochte.

»Schau noch einmal da hinüber.«

»Wieso?«

»Mach es einfach. Dreh dich ganz zur Seite.«

Nellie streckte ihren Arm aus und berührte mit ihrer Hand seine Stirn.

»Und jetzt leg den Kopf in den Nacken. Bleib so!«

Sie stand auf und nahm ihn von allen Seiten ins Visier.

»Was ist los?«

»Moment. Ich habs gleich.«

Sie holte das Handy aus ihrer Handtasche.

»Dreh dich ganz rum, nein, nicht so. Mit dem Rücken zum Tisch. Und leg den Hinterkopf auf die Tischplatte. Ja so. Stell dir vor, du bist beim Friseur und kriegst die Haare gewaschen.«

Sie sprang auf, kippte die vergammelten Bananen aus Eschers Obstschale und schob die silberne Schale unter seinen Hinterkopf.

»Wahnsinn! Nicht bewegen!«

Sie drehte das Wasser auf und befeuchtete seine Locken, wodurch diese länger wurden und vom Kopf in die Silberschale hingen.

»Irre«, staunte Nellie und machte ein paar Fotos mit dem Handy. »Ist dir schon einmal aufgefallen, was für eine starke Ähnlichkeit du mit dem Johannes-Haupt von Gian Francesco de Maineri hast?«

»Sehr lustig«, sagte Escher und setzte sich genervt auf.

»Ja ehrlich«, sagte sie, lud das Foto in ihre App, wo sie Escher einen blutigen Hals malte. »Ich hab immer schon gewusst, dass du mich an wen erinnerst!«, frohlockte sie und zeigte ihm zuerst sein eigenes Bild und dann das Gemälde, das nur aus dem abgeschlagenen Kopf in der silbernen Schale bestand. »Und auf einmal hab ich es gesehen. Das bist du!«

»Du spinnst«, sagte Escher und versuchte zu verbergen, dass er sich geschmeichelt fühlte.

»Hast du das Bild nicht als Puzzle?«

»Glaubst, ich hab jedes Bild?«

»Sonst hast alles, und ausgerechnet den hast nicht?«, bockte Nellie ungläubig und schickte Escher das Handyfoto.

Dann streichelte sie ihm wieder die nassen Haare in den Nacken, denn sie konnte nicht genug kriegen von seiner Ähnlichkeit mit dem Geköpften. Das Wasser rann ihm in den Nacken, aber da ihre Finger ganz angenehm waren, wehrte er sie nicht sofort ab. Und in dem Moment, wo er sich an das Wasser im Rücken gewöhnt hatte und hoffte, dass sie mit ihrer Hand weitermachte, hörte sie auf und verabschiedete sich.

Als die Verrückte weg war, holte er das Puzzle aus dem Regal. Er hatte sie angelogen. Natürlich besaß er *Das Haupt Johannes des Täufers* von Maineri. Escher starrte auf das Bild. Die Ähnlichkeit war ihm noch nie aufgefallen, aber ganz Unrecht hatte Nellie nicht. Trotzdem beschloss er, den Kontakt zu ihr wieder zu beenden. Die war ihm einfach zu spinnert, da nützten der schönste Nacken und die sanftesten Finger nichts.

Er hätte Lust gehabt, seinen geköpften Doppelgänger zusammenzubauen, wusste aber, dass er dringend etwas anderes tun musste. Von Nellies Besuch war nur das leichtsinnig gesagte Wort »Elektriker« zurückgeblieben. Er machte sich Sorgen um Ala. Das Buch lag immer noch da, und weil ihn noch niemand enthauptet hatte, musste Escher weiterlesen.

Wenn Corrado ihr das Essen brachte, klopfte er nicht an, kam aber auch nicht einfach herein. Wie ein Steinzeitmensch drosch er mit irgendeinem unsympathischen Gegenstand an die Tür, als würde er sich jedes Mal wieder einen Moment zu spät daran erinnern, dass man eine Tür mit dem Schlüssel aufsperrt. Und in der nächsten Sekunde stand er herinnen.

Ala bemerkte, dass es ihn nervös machte, wenn sie nichts aß. Das war vielleicht ein gutes Zeichen. Er bemühte sich sogar, ihr gut zuzureden. Sie müsse nur ein paar Tage durchhalten. Bald wäre sie frei.

»You stink«, sagte Ala, ohne ihn anzuschauen.

»Eat! Or you are dead, when the money is here.«

»How much?«, fragte Ala.

»Three million.«

»We have no money«, sagte Ala.

Obwohl sie ihr Essen nicht anrührte, lieferte Corrado jeden Tag eine neue Schüssel und nahm die alte wieder mit. Seine Tante Madrisa habe es extra für sie zubereitet, behauptete er. Sie sei gekränkt, wenn Ala nicht esse.

Ala gab ihm keine Antwort. Sie ignorierte sein frisches Essen und wartete einfach, bis er mit der vollen Schüssel vom Vortag verschwand. Je weniger sie aß, umso geringer wurde die Wahrscheinlichkeit, dass sie das Buch noch las. Und in dem Buch standen Dinge, die sie nicht wissen wollte. Dieser Escher und diese Wieselburger waren ihr so was von egal. Aber von dem toten Elektriker wollte sie nichts wissen, und wenn sie nichts aß, würde sie bald nicht mehr lesen können. Die Buchstaben verschwammen ihr schon jetzt vor den Augen. Aber wenn sie ein paar Schluck Wasser trank und wenn sie lang genug auf die Seite starrte, setzten sie sich wieder zusammen.

Ausgerechnet jetzt wurde Escher durch ein brutales Telefonklingeln aus dem Buch gerissen.

»Sie müssen entschuldigen, dass ich Sie mit meiner ganzen Geschichte überfallen habe«, sagte die Witwe.

»Dafür müssen Sie sich doch nicht –«

»Aber ich bin einfach zu aufgewühlt. Ich brauche wen, mit dem ich darüber reden kann.«

»Sie können mir alles sagen. Von mir erfährt keiner was.«

»Ich habe Angst, am Telefon darüber zu reden. Könnten wir uns vielleicht noch einmal sehen?«

»Ja klar.«

»Sie dürfen auf keinen Fall mit wem darüber sprechen!«, fuhr die Witwe ihn an.

»Natürlich nicht. Ich mach mich gleich auf den Weg, wenn es Ihnen recht ist.«

Sofort ins Taxi zu springen, entpuppte sich als Fehler. Er hätte der Witwe mehr Zeit geben sollen. Sie war in einem so aufgelösten Zustand, dass er nicht einmal an die zwei Linzertorten dachte, die er in der Bäckerei neben dem Taxistand gekauft hatte. Sie bot ihm einen Tee an, brauchte dann aber eine halbe Stunde für die paar Handgriffe. Von ihrer Erzählung fortgerissen, bemerkte sie nicht, dass das Wasser schon längst kochte, und ließ es im Wasserkocher wieder kalt werden. Mit dem gefüllten Teesieb in der Hand erklärte sie ihm: »Als ich die Nachricht vom Tod meines Mannes erhalten habe, dachte ich kurz, dass vielleicht auch Sie –«

Escher schaute sie erwartungsvoll an, aber die Witwe sprach nicht weiter.

»Was dachten Sie?«

»Entschuldigung, Sie dürfen das nicht persönlich nehmen. Ich weiß, dass es nicht stimmt. Aber der Unfall war ja unmittelbar nach dem ersten Anruf von denen. Also am Tag darauf. Und da dachte ich kurz, dass vielleicht Sie –«

»Dass ich was?«

»Dass Sie zu denen gehören.«

»Zu wem?«

»Na zu –«

»Zur Mafia?«, fragte Escher verblüfft. »Sie haben geglaubt, dass ich ihn getötet habe?«

»Im Auftrag von denen.«

»Ich?«

»Wegen der Rache.«

»Da weiß ich echt nicht, was ich sagen soll.«

»Ja, tut mir leid. Aber das war nur so ein Gedanke. Im Schock. Ehrlich gesagt war es sogar eine Hoffnung. Ich dachte, wenn seine Verwandten ihn getötet haben, werden sie unsere Tochter freilassen. Dann ist es für diese Leute in ihrem kranken Rachedenken wenigstens erledigt. Damit haben sie ihre Blutrache.«

»Ich verstehe.«

»Sie verstehen gar nichts«, sagte die Witwe. »Und ich versteh es auch nicht. Sie lassen unsere Tochter nämlich trotzdem nicht frei. Obwohl mein Mann tot ist.«

»Vielleicht wissen die gar nicht, dass Ihr Mann tot ist?«

»Natürlich wissen sie es! Sie haben doch angerufen!«, fuhr sie ihn an.

»Die haben bei Ihnen angerufen?«

»Natürlich«, antwortete die Witwe mit der bitteren Überheblichkeit der ins Verderben Eingeweihten.

»Und sie sind immer noch nicht zufrieden? Jetzt, wo Ihr Mann tot ist?«

»Die halten sich nicht an irgendwelche Regeln. Jetzt wollen sie eben noch Geld für die Freilassung.«

»Wie viel?«

Escher war jede Summe recht. Nur nicht ausgerechnet drei Millionen.

Die Witwe lachte bitter. »Zu viel.«

»Wollen Sie zur Polizei gehen?«

»Dann ist meine Tochter tot.«

Escher ließ sich nichts anmerken, als sie ihm erzählte, was er längst wusste. Dass Ala in einem verlassenen Hochhaus eingesperrt war. Dass sie ihr Essen nicht anrührte und am Verhungern war. Dass die Lösegeldforderung unbezahlbar hoch war.

Escher sagte nicht: drei Millionen. Er sagte gar nichts. Er ließ die Witwe einfach erzählen. Vielleicht tat es ihr gut.

Sie habe dem Entführer gesagt, ihr Mann sei doch tot, es gebe keinen Grund mehr für die Blutrache. Aber der habe behauptet, es handle sich nicht mehr um Blutrache, das Blut sei gesühnt. Es gehe nur noch um Spesenersatz. Den Verräter zu suchen, habe sie in den letzten zwei Jahrzehnten sehr viel Geld gekostet. Sie wollen das Geld zurück.

»Spesenersatz! Sie verlangen für die Freilassung unserer Tochter Spesenersatz!«

»Wie viel?«, fragte Escher in der kindischen Hoffnung, dass sie vielleicht doch eine andere Summe sagte. Irgendeine Zahl.

»Warum wollen Sie das wissen?«, fragte die Witwe. »Niemand hat drei Millionen Euro.«

Als wären ihm von einer Sekunde auf die andere beide Beine eingeschlafen, spürte Escher, wie der Boden unter seinen Füßen verschwand.

»Three million«, ahmte die Witwe Corrados Tonfall nach. »Three million. Was anderes sagt der nicht.«

Escher räusperte sich.

»Man könnte vielleicht ein Crowdfunding machen«, behauptete er und wischte wie ein Verrückter mit den Füßen über den Parkettboden, um wieder etwas Halt zu bekommen.

»Crowdfunding«, wiederholte die Witwe angewidert. »Glauben Sie, man kann ein Crowdfunding machen, ohne dass die Polizei davon erfährt?«

Obwohl er selbst nicht daran glaubte, ärgerte es ihn, dass sie seine Idee so abtat. Dann saßen sie eine Weile still am Tisch. Die Stille tat ihnen gut.

»Jetzt hab ich gar keinen Tee gemacht!«, bemerkte die Witwe erschrocken.

Zum Glück bestand sie nicht darauf, es nachzuholen, und Escher verabschiedete sich so schnell wie möglich und machte sich aus dem Staub.

Er ging den ganzen Weg zu Fuß und stopfte im Gehen beide Linzertorten in sich hinein. Sein Hirn gierte nach Zucker und suchte nach einer Möglichkeit, das Geld aufzutreiben. Es war die Chance, seine Schuld am Tod des Elektrikers zu verringern. Zumindest wollte er seinen Teil zum Lösegeld beitragen. Zwar hatte er keine Ersparnisse, aber die kleine Pensionsrücklage, die vielleicht von seinen Aktien übrig geblieben war, brauchte er im Grunde nicht. Er hatte sowieso nicht vor, übertrieben alt zu werden. Die schwierigsten Trauerreden waren immer die für steinalte Verstorbene, weil ihre Kinder schon zu alt waren, um die Hinterbliebenen zu spielen.

Daheim rief er sofort bei der Bank an, um sich zu erkundigen, was er für die alten Aktien noch bekommen würde. Er kam aber nur in eine Warteschleife. Wenn Sie dies wollen, drücken Sie eins, wenn Sie das wollen, drücken Sie zwei. Wenn Sie etwas anderes wollen, drücken Sie drei.

»Wenn Sie sich erschießen wollen, drücken Sie den Abzug einer Pistole«, murmelte er, während er eine der Tasten drückte.

So kam er von Warteschleife zu Warteschleife, ohne zu einem Menschen vorzudringen. Nicht einmal die Musik änderte sich, wenn er in die nächste Spielebene vordrang. Er stellte sein Handy so leise, dass er es gerade noch hören konnte, und ließ die Endlosschleife laufen, während er nebenbei versuchte, in sein Buch hineinzukommen.

Ala fragte sich, wo Corrado blieb. Hatte er es aufgegeben, weil sie das Essen sowieso nicht anrührte? Es konnte auch sein, dass seit seinem letzten Besuch noch gar keine Nacht vergangen war. Vermutlich war sie nur über dem Buch eingeschlafen. Warum sonst wäre ihr Gesicht beim Aufwachen auf der bedruckten Seite gelegen, so dass ein paar riesige Buchstaben direkt vor ihren Augen lagen. Obwohl sie die Buchstaben in dieser Position verkehrt zusammensetzte, veränderte sich der Sinn nicht: alA.

Alarmiert von den veränderten Lauten aus seinem Telefon schreckte Escher auf. Eine weibliche Stimme meldete sich höflich und fragte, was sie für ihn tun könne.

»Ich kanns gar nicht glauben«, sagte Escher in einem übertrieben aufgeräumten Tonfall, um seine Frustration nicht an der unbekannten Frau auszulassen. »Dass man hier wirklich noch mal einen Menschen ans Telefon kriegt!«

»Haben Sie lang gewartet?«

»Ich hab nebenbei zwei Bücher gelesen«, scherzte Escher.

»Das tut mir leid.«

Die Frau war so freundlich, dass Escher sich fragte, ob es sich nicht doch um eine künstliche Intelligenz handelte. Er wollte aber lieber an einen Menschen glauben und sagte versöhnlich: »Wir haben sowieso eine falsche Vorstellung von der Zeit. Unsere Vorstellung ist zu linear. Wir glauben, es geht in eine Richtung. Man muss es sich aber wie eine Schleife vorstellen.«

»Na, vielleicht kann ich die Zeit wieder für Sie hereinbringen«, stellte die Telefonistin ihr Unverständnis fröhlich zur

Schau. Zusammen mit ihrer unverschämten Freundlichkeit sah Escher darin ein starkes Indiz, dass die Stimme einem Menschen gehörte. »Was kann ich für Sie tun, Herr Escher?«

Offenbar hatte die Telefonnummer ihr schon seinen Namen verraten.

»Ich hab mir vor vielen Jahren Aktien gekauft«, erklärte er und überlegte, ob es nicht einen professionelleren Begriff gab. »Mich würde interessieren, wie sie jetzt stehen. Sie sind nach dem Kauf total abgestürzt. Aber vielleicht haben sie sich ja wieder ein bisschen erholt.«

»Das können Sie ganz einfach auf Ihrem E-Banking-Account einsehen«, sagte die freundliche Frau.

»In meinem Fall wohl nicht«, sagte Escher. »Die Aktien stammen noch aus der Zeit vor dem elektronischen Banking.«

Es ärgerte ihn, dass er Banking sagte. Was für ein Wort! Als er sich um einen besseren Begriff bemühte, geriet es ihm wieder zu geschraubt: »Die Aktien und ihr Besitzer stammen noch aus einer Zeit«, holte er umständlich aus, »wo das Bankwesen noch mit Papier und Losungswort funktioniert hat.«

»Aha«, sagte die Frau ungläubig. »Na, vielleicht sagen Sie mir einmal Ihre Kontonummer und Ihr Losungswort.«

Escher fragte sich, warum sie seinen Namen wusste, aber nach der Kontonummer erkundigte sie sich.

»Das Losungswort hab ich leider vergessen. Es ist über zwanzig Jahre her.«

»Ah, das ist schlecht.« Sie lachte. »Dabei haben Sie ein sehr ausgesuchtes Losungswort.«

»Ich hab keine Ahnung.«

»Darf ich Ihnen vielleicht eine Gedächtnisstütze anbieten? Es hat etwas mit Malerei zu tun.«

»Mit Malerei?«

Escher war vollkommen blank. Das Losungswort konnte sich unmöglich noch in seinem Gehirn befinden.

»Ja, wie soll ich sagen«, überlegte die Telefonistin. »Heutzutage macht man Selfies. Aber früher – also ein Maler.«

»Selbstporträt?«

»Ja, sehr gut! Das ist der erste Teil. Noch ein bissi was dazu.«

»Selbstporträt im konvexen Spiegel.«

»Na bitte, was sag ich! Ihr Gedächtnis möchte ich haben«, jubelte sie. »Das ist aber wirklich ein ungewöhnliches Losungswort, Herr Escher.«

Er hörte, wie sie anfing, hektisch auf ihrer Tastatur herumzuklappern. Vielleicht waren es auch Störgeräusche in der schlechten Verbindung. Oder womöglich hatte sie ihn überhaupt stumm geschaltet, und er hörte nur die Leitung oder das Universum knacken.

»Sind Sie noch da?«, fragte Escher.

»Jaja. Ein bissi Geduld, bitte, Herr Escher.«

Jetzt war sie nicht mehr so höflich, sondern einsilbig.

»Sagen Sie mir noch mal Ihre Adresse, Herr Escher.«

Escher fragte sich, welche Informationen sie über ihn hatte, und welche nicht. Überprüfte sie ihn, oder musste sie eine Datenschutz-Show abziehen? Um sich für dieses aufgezwungene Schauspiel zu revanchieren, buchstabierte er seinen eigentlich leicht verständlichen Straßennamen extra korrekt:

Rudolf

Emil

Berta

Heinrich

Anton

Nordpol
Nathan
Gustav
Anton
Siegfried
Siegfried
Emil

»Jetzt haben wir zwei N.«

»Ja, man schreibts mit zwei N. Vielleicht ein Eigenname.«

»Und ohne H?«

»Mit einem H.«

»Und Ihr Geburtsdatum.«

Escher verriet ihr alles, was sie wissen wollte.

»Hier ist eine andere Telefonnummer eingetragen«, sagte sie misstrauisch. »Eine Festnetznummer.«

»Ja, damals gab es noch Festnetznummern.«

Sie überlegte eine Weile und sagte: »Ich kann Ihre Frage hier nicht beauskunften.«

»Beauskunften?«

»Sie müssen leider in eine Filiale kommen. Wenn Sie möchten, kann ich Ihnen für morgen einen Termin mit einem Berater anbieten.«

»Heute wär mir fast lieber.«

»Heute? Ich fürchte –«

Sie drehte ihm die Warteschleifenmusik auf, und als er schon dachte, sie hätte ihn hinausgeschmissen, meldete sie sich wieder. Es war ihr gelungen, ihm für den Nachmittag einen Termin zu organisieren.

»Und nehmen Sie unbedingt Ihren Personalausweis mit.«

»Führerschein geht auch?«

»Besser den Personalausweis. Führerscheine sind immer so eine Sache. Oder Reisepass. Kann ich sonst noch was für Sie tun?«

Escher verabschiedete sich freundlich. Er war froh, dass der Termin ihm noch genug Zeit ließ, um weiterzulesen.

Das letzte Essen, das Corrado ihr gebracht hatte, begann zu schimmeln und zu stinken. Ließ er sich nicht mehr blicken, weil sie ihre Schüssel zu oft ignoriert hatte? Oder hatte er sie einfach vergessen?

Oder war er krank?

Oder hatte ihn jemand erschossen, und niemand wusste, wo Ala war?

Oder hatten sie das Geld nicht bekommen?

Oder hatten sie das Geld bekommen, und jetzt ließen sie Ala einfach verrotten, weil es ihnen zu umständlich oder zu gefährlich war, sie freizulassen? Schließlich hatte sie sein Gesicht gesehen. Ala wusste, dass es in Filmen immer ein schlechtes Zeichen war, wenn sich ein Entführer seiner Geisel zeigte. Auch den Fahrer hatte sie gesehen.

Der Vorteil des Verhungerns war, dass einem alles egal wurde. Auch die Angst in einem verhungerte.

Sie nahm die Alufolie von der Porzellanschüssel und betrachtete den Schimmel. Er sah sehr schön aus. Viel schöner als das, was man sehen konnte, wenn man aus dem Fenster schaute. Bei dem Anblick der vergammelten Speise stiegen Ala die Tränen in die Augen. Es gehörte sich nicht, Lebensmittel zu verschwenden. Deshalb griff sie mit der Hand hinein und verschmierte das verschimmelte Zeug auf den Fensterscheiben. So war das vergeudete Essen noch zu etwas gut. Mit dem konzentrierten Ernst einer Malerin bestrich sie das Glas. Jetzt war es hier viel schöner. Es gab ihrer Wohnung das gewisse Etwas. Ala verstand nicht, dass sie nicht früher auf diese Idee gekommen war. Auch den Badezimmerspiegel beschmierte sie, aber weil er nicht komplett blind wurde, schlug sie noch die leere Schüssel hinein und wunderte sich, wie leicht er zerbrach.

Sie musste gegen die Versuchung ankämpfen, in dem Buch weiterzulesen. Sie wollte nicht erfahren, wie es weiterging. Zur Sicherheit riss sie die ungelesenen Seiten heraus, um sie im Klo hinunterzuspülen. Aber es war ein Fehler, die Blätter überhaupt in die Hand zu nehmen.

Escher betrat die Bankfiliale, in der er seinen Termin hatte. Mit einem Fingerzeig wies ihn die am Empfang stehende Dame zu einem Schreibtisch, an dem eine sehr dünne Frau, deren Haarspange wie eine riesige Spinne auf ihrem Hinterkopf saß, auf ihren Bildschirm starrte. Escher hielt es nicht für ausgeschlossen, dass die Spinne sie zwang, hier zu sitzen und ihre Arbeit zu verrichten.

»Wie kann ich Ihnen helfen, Herr Escher?«, fragte sie ernst, während ihre Augen noch auf den Bildschirm gerichtet waren, wo sie eine andere Arbeit erledigte. Eschers Augen entzifferten die Buchstaben auf dem Namensschild, das zu schwer schien für den feinen Stoff ihres Businesssakkos: Karoline Nechvatal. Für ihn war ein Namensschild das Schlimmste, was einem im Leben passieren konnte. Erst als Frau Nechvatal ihn anschaute, erklärte er ihr dasselbe wie der Telefonistin vor drei Stunden. Er legte ihr seinen Pass und den dreißig Jahre alten Zettel vor, den er damals für seine Aktien erhalten hatte. Sie warf einen Blick darauf und tippte etwas in ihre Tastatur.

»Guuut«, sagte Karoline Nechvatal, klickte auf ihre Maus, tippte, klickte, und wandte sich wieder dem Kunden Escher zu.

»Und was wollen Sie jetzt genau machen mit Ihren Wertpapieren?«, fragte die Bankbeamtin Karoline Nechvatal.

»Ich möchte nur einmal wissen, was die Aktien ungefähr wert sind.«

»Guuut«, sagte Frau Nechvatal und tippte und klickte sich durch verschiedene Ebenen. Escher hatte den Eindruck, dass sie sich nicht richtig auskannte. Vielleicht hatte man das System umgestellt, und sie war noch nicht gut eingearbeitet. Möglicherweise hatte sie überhaupt Probleme, mit den rasend schnellen Veränderungen Schritt zu halten. Escher hätte das verstanden. Auch ihm war längst die Lust auf Updates, Apps und PINs vergangen. Er hätte gern für eine Terrororganisation gespendet, die das Internet zerstörte, aber wahrscheinlich musste man sich besonders gut im Netz auskennen, um die entsprechenden Leute zu finden.

»Guuut. Das haben wir gleich. Wir haben durch die Digitalisierung«, begann sie eine Erklärung, beendete ihren Satz aber nicht, sondern zog die Augenbrauen zusammen und tippte weiter.

Schließlich riss sie ihren Blick vom Bildschirm los und schaute Escher ins Gesicht, als wäre er ein Bankräuber, der ihr einen Zettel hingeschoben hat, auf dem stand: »Immer schön lächeln und Kohle rüberwachsen lassen.«

»Ich werde noch einen Kollegen holen, der für diese Sachen zuständig ist«, sagte sie schließlich, schob ihren Drehsessel zurück und stöckelte los. »Er wird Sie dann gleich beauskunften.«

Sie klapperte auf hohen Absätzen durch eine diskrete Tür, die Escher zuvor nicht aufgefallen war. Jemand hatte ihm erzählt, dass Bankangestellte eine Kleiderzulage erhielten. Womöglich gab es Gutscheine für bestimmte Läden, und deshalb sahen alle gleich aus?

Nach einer Weile kam sie mit einem sehr großen Mann in einem schlecht sitzenden Anzug zurück. Er fand wohl nicht leicht etwas in seiner Größe. Vielleicht waren es auch nur die staksigen Bewegungen seines knochigen Körpers, die den Anzug zu groß wirken ließen. Mit jedem Schritt schien er seinen Unwillen darüber auszudrücken, dass alle Möbel, Türen und Räume zu klein für ihn waren. Frau Nechvatal wirkte neben ihm elegant wie eine Ballettschülerin. Wegen des unterschiedlichen Schuhwerks und der Konstruktion ihrer Körper waren ihre Gangarten auffällig verschieden. Ein komisches Gespann. In einem Zeichentrickfilm wären sie zwei gar nicht zusammenpassende Tiere gewesen. Aber Escher konnte sich nicht entscheiden, welchen Tieren sie konkret ähnelten. Trotz ihrer fundamentalen Unterschiede näherten sie sich Escher in exakt demselben Tempo. Es kam ihm vor wie eine Aufgabe für Physikstudenten. Bestimmt konnte man die beiden Skelette digitalisieren und dann mithilfe einer geometrischen Bewegungsanalyse berechnen, wie aus den ganz unterschiedlichen Hebeln und Kräften und Kurven exakt dasselbe Tempo resultierte.

Der Bankberater hielt ein paar ausgedruckte Seiten in einem transparenten Mäppchen in der Hand. Auf seinem Sakko befand sich ein Schild, das ihn als Herr Nagy auswies. Escher wusste, dass man diesen ungarischen Namen eigentlich anders aussprach, aber da seine Kollegin ihn als »Herr Nagi« vorstellte, nahm er an, dass Herr Nagy sich in sein Schicksal gefügt und beschlossen hatte, auch selbst seinen Namen falsch auszusprechen.

»Herr Escher, dürfte ich Sie bitten, mit mir in mein Büro

zu kommen«, sagte Herr Nagy und nahm dabei eine gebückte Haltung ein, um seine Körpergröße etwas zu vermindern. »Leider müssen wir dafür in das Nebengebäude gehen. Dort ist unser Private Banking.«

»Dafür gibt es einen eigenen Flügel?«, fragte Escher ungläubig.

»Ein eigenes Gebäude«, schmunzelte der Mann, dessen sanfte Ironie Escher sympathisch war. Vielleicht wurde man so, wenn man immer für alles zu groß war, überlegte er.

Escher folgte ihm zum Lift. Im vierten Stock gelangten sie über eine gläserne Brücke ins Nebengebäude, wo sie von einer strahlenden Empfangsdame begrüßt wurden. Herr Nagy erkundigte sich bei ihr, ob das Besprechungszimmer Zürich frei sei. Die Rezeptionistin konsultierte ihren Bildschirm und antwortete mit großem Bedauern, leider, Zürich sei gerade besetzt, Paris sei frei oder Tokio.

Herrn Nagys Miene verdüsterte sich. »Dann Tokio«, sagte er schlecht gelaunt. »Paris liegt direkt über der Baustelle, da kann sich kein Mensch konzentrieren. Bei dem Lärm kann man kein sinnvolles Beratungsgespräch führen.«

»Jaaa, ists immer noch laut«, sagte die Rezeptionistin im Tonfall einer Kindergärtnerin, die einen Dreijährigen trösten muss. »Guti, dann buche ich Tokio für Sie.«

Der Bankberater ignorierte sie und wandte sich an Escher, um mit gehobenen Augenbrauen klarzustellen, dass seine schlechte Laune nicht ihm als wertgeschätztem Kunden galt, sondern den Umständen, ja, dass er sogar als firmenseitiger Stellvertreter Eschers, des Kunden, diese schlechte Laune gegenüber seinem Arbeitgeber bezüglich der mangelhaften Räumlichkeiten geäußert habe.

In Tokio ergab sich wegen des ovalen Besprechungstisches eine etwas unangenehme Sitzsituation. Escher hatte sich schon öfter gefragt, warum es im Deutschen kein richtiges Wort für *awkward* gab. Wie konnte einer der wichtigsten Zustände in einer Sprache kein Wort haben?

»Darf ich fragen, wann Sie zuletzt Ihr Depot überprüft haben?«

»Nie«, sagte Escher. »Ich wollte damals eigentlich nur das Geld loswerden, wissen Sie.«

Der Bankbeamte schüttelte verblüfft den Kopf. Er starrte auf die Zettel, die ihm die Kollegin ausgedruckt hatte. Vielleicht galt es hier im Private Banking als höflicher, in der Präsenz des Kunden keinen Computer zu verwenden. Escher hätte das gut gefunden.

»Ich hatte damals zehntausend Mark, die ich nicht brauchte«, erklärte er dem Bankberater.

»Mark?«

»70 000 Schilling. Ich sag nur Mark, weil ich das Geld damals aus Deutschland bekommen hab. Zehntausend Mark. Die Mark war sieben Schilling.«

»Zehntausend Mark.«

»Ja«, lachte Escher. »Klingt heutzutage schon wie ›Alte Francs‹«.

Als wäre es seine Aufgabe, den immer blasser werdenden Bankbeamten zu trösten, sagte er: »Ist nicht so schlimm, falls das Geld weg ist. Ich brauch es nicht unbedingt.«

Der Bankbeamte legte die Blätter auf den Schreibtisch, überflog sie noch einmal und begann mit seinen Erklärungen: »Sie haben im Jahr 1996, also noch vor der Einführung des Euro, Anteile im Wert von ca. 70 000 Schilling erworben. Das entsprach nach damaliger Währung in etwa den von Ihnen erwähnten zehntausend D-Mark. Über den Daumen gepeilt ca. fünftausend Euro. Wobei das keine Rolle spielt, da der Kurs ohnehin in Dollar verrechnet wurde.«

Escher nickte. Er fragte sich, warum einem die Leute immer zuerst die Sachen erzählten, die man schon wusste. Um voranzukommen, erklärte er dem blassen Mann. »Ja, ich hab mich an einer Buchhandlung beteiligt. Das Geld hab ich mit einem Buch verdient, das nichts eingebracht hat. Es ist bei einem deutschen Verlag erschienen, darum D-Mark. Drei Jahre hab ich daran geschrieben und zehntausend D-Mark bekommen. Es war sozusagen ein Jahresgehalt von dreitausend D-Mark, also zwanzigtausend Schilling! Tausendfünfhundert Euro! Für ein Jahr Arbeit!«

»Dreitausenddreihundert D-Mark«, nickte der Mann mit dem Taschenrechner. »Periodisch. Das war auch damals nicht viel.«

»So bin ich zu dem Schluss gekommen, man muss sich bei den Kapitalisten einkaufen.«

Der Bankbeamte lachte mit geschlossenen Lippen, als hätte Escher ein nicht ganz korrektes Wort verwendet oder einen gewagten Insiderscherz gemacht.

»So wie man sagt, man soll nicht eine Bank ausrauben, sondern eine Bank gründen.«

»Ja«, schmunzelte Herr Nagy. »Der gute Bertolt wird auch bei uns gern zitiert. Bankausrauben ist aber auf keinen Fall ratsam. Das machen nur die ganz Verzweifelten. Es ist einfach alles zu sicher geworden. Wir haben ja gar kein Geld mehr in den Filialen. Bankgründen ist aber auch nicht mehr das Gelbe vom Ei, wenn ich etwas aus der Schule plaudern darf.«

»Mit den Buchhandlungen ist es damals auch bergab gegangen. Die Elektronik hat ihren Siegeszug angetreten, und Bücher waren nicht mehr sonderlich gefragt. Zeitungen sind sowieso tschari gegangen.«

»Ja tschari«, lächelte der feine Mann. »Den Ausdruck hab ich auch schon lang nicht mehr gehört. Obwohl wir hier natürlich öfter mit Firmen zu tun haben, die tschari gehen.«

»Man kann sich leicht vertun«, sagte Escher. »Ich war das beste Beispiel. Kaum, dass ich mich eingekauft hab, war die Aktie am Boden. Oder besser gesagt: unter dem Boden. Im Keller. Seither hör ich immer Bruchlandung, wenn jemand Buchhandlung sagt.«

»Es hat einen schweren Kurseinbruch gegeben«, bestätigte der Berater ihm und zeigte auf eine Kurve in seinen Unterlagen. »War aber nur ein kurzfristiger Vertrauensverlust der Anleger. Die Erholung ist sehr schnell gekommen. Längerfristig ist es mit Ihrer Buchhandlung keineswegs bergab gegangen. Ihre Aktien sind im Lauf der Jahre auf über drei Millionen Euro gestiegen. Da hat Ihre Bruchlandung sozusagen eine Goldmine freigelegt.«

Escher reagierte nicht. Er verstand nicht recht, worauf dieser Berater mit seiner Ironie im Besprechungszimmer Tokio hinauswollte.

»Das war ein sehr gutes Investment von Ihnen«, sagte der Berater anerkennend. »Sie haben ausgesprochen früh die Phantasie dieses Papiers erkannt. Damals glaubte noch niemand, dass die Zukunft einer Buchhandlung im Online-Bereich liegen würde. Papier und Bildschirm, das hat nicht zusammengepasst. Ich erinnere mich, man hat damals den baldigen Zusammenbruch dieser Chimäre vorausgesagt. Ich persönlich hatte damals auch ein paar von diesen Risikopapieren in meinem Depot. Aber dann gerade noch rechtzeitig verkauft«, scherzte er säuerlich. »Mit zwanzig Prozent Verlust bin ich ja noch gut davongekommen, hab ich mir gesagt. War natürlich dumm von mir. Sehr dumm. Im Nachhinein betrachtet: die größte Dummheit. Sie waren wesentlich klüger. Inzwischen haben Sie Ihr Investment …«, er tippte mit seinen langen, dünnen Fingern etwas in den Taschenrechner, »… ziemlich genau versechshundertfacht. In dreißig Jahren ist das immer noch ein Zinssatz von 20 % jährlich. Natürlich nur über den Daumen gepeilt. Mit den Details will ich Sie nicht belasten. Jedenfalls sinds drei Millionen.«

»Schilling?«

»Euro!«

»Das muss ein Irrtum sein«, sagte Escher. »Ich hab nur zehntausend Mark eingezahlt.«

»Jaja«, antwortete das Gespenst mit dem Taschenrechner fast schroff. »Ich hab es ja vor mir liegen. Sechstausenddreihundert Dollar. Und 47 Cent. Das entsprach damals Ihren zehntausend D-Mark. Ich hab es doch schwarz auf weiß vor mir. Das kann man ja alles nachvollziehen. Die Zeit hat für Sie gearbeitet.«

»Die Zeit?«

»Ja, die Zeit hat gearbeitet. Und das Geld. Zeit und Geld, verstehen Sie? Ich muss Ihnen ehrlich sagen, so etwas erlebe ich auch nicht jeden Tag. Genauer gesagt habe ich es noch nie erlebt in diesem Ausmaß. Bei einem Einzelinvestment. Wir haben es jetzt schon dreimal überprüft. Sie haben zum bestmöglichen Moment gekauft. Zehntausend D-Mark. Damals. Fünftausend Euro. Das war gestern bei Börsenschluss drei Millionen siebenundzwanzigtausendvierhundertzweiundvierzig Euro und vierunddreißig Cent. Die amerikanische Börse öffnet erst in einer Stunde. Wegen der Zeitverschiebung. Dann wissen wir exakt, wie es heute steht.«

»Die Zeitverschiebung«, sagte Escher und wunderte sich über seine sinnlose Wiederholung.

»Sie scheinen es immer noch nicht ganz zu glauben«, lächelte der Mann jetzt beinahe mitfühlend.

»Drei Millionen?«

»Ich gratuliere Ihnen.«

»Danke.« Escher schluckte. »Dass man mit Büchern so viel Geld verdienen kann. Wahrscheinlich bin ich einer der erfolgreichsten Schriftsteller aller Zeiten!«

»Wie hat denn Ihr Buch geheißen, wenn ich so indiskret sein darf?«

»›Eine traurige Angelegenheit‹.«

»So kann man sich täuschen«, lachte der Berater.

Escher wusste nicht, was er sagen sollte.

»Davon müssen Sie sich bestimmt erst einmal erholen«, sagte der Berater. »Aber wenn Sie dann so weit sind, sollten Sie sich überlegen, wie Sie Ihr Vermögen anlegen möchten. Das Papier kann auch wieder an Wert verlieren, wissen Sie. Momentan ist der Markt recht volatil. Eine Diversifizierung ist auf jeden Fall ratsam. Wir beraten Sie natürlich gern. Ich gebe Ihnen meine Karte. Sie sind jetzt selbstverständlich anspruchsberechtigt für das Private Banking.«

»Was heißt das?«

»Sie müssen nicht mehr unten reingehen. Sie können gleich bei mir einen Termin ausmachen. Telefonisch oder über die E-Banking-Seite.«

Er schob Escher seine Visitenkarte über den Tisch, nahm

sie aber noch einmal zurück und umrahmte die Telefonnummer mit dem blauen Kugelschreiber: »Hier steht meine Handynummer drauf. Wenn Sie mich nicht sofort erreichen, rufe ich Sie verlässlich zurück. Und ich werde selbstverständlich auch die jeweiligen Spezialisten für Ihr weiteres Investment zuziehen. Wenn man es nicht richtig anlegt, wird das Geld schnell weniger.«

»Ich möchte alles abheben«, sagte Escher.

»Abheben?«

»Ja, cash.«

»Cash.«

In dem Moment erhob sich auf der Straße ein derartiger Baulärm, dass die Scheiben von Tokio erzitterten. Escher fragte sich, ob der Berater so böse schaute, weil jetzt auch vor Tokio gebaut wurde, oder weil der Kunde das ganze Geld mitnehmen wollte.

»Vielleicht erlauben Sie mir, eine alte Bankweisheit loszuwerden. Man soll so etwas nicht über Nacht entscheiden. Mindestens 48 Stunden Cooling Down werden empfohlen.«

»Das versteh ich schon«, sagte Escher. »Aber in meinem Fall ist es anders. Ich hab schon vorher beschlossen, dass ich alles bar mitnehme.«

Nach einem längeren Ringen, in dem der Bankberater ihm dringend von der überstürzten Entscheidung abriet, erklärte er Escher, dass es dafür jedenfalls eines eigenen Termins bedürfe.

»So viel Bargeld haben wir natürlich gar nicht hier. Wie gesagt – schon allein aus Sicherheitsgründen. Wir müssen es bestellen. Morgen ist es da.«

Escher aber, durch seinen Status als Private-Banking-Kunde zu neuem Selbstbewusstsein gekommen, sagte: »Vielleicht können Sie es doch schon heute organisieren? In jeder Apotheke kann man zu Mittag die Medikamente für den Abend bestellen. Da muss es doch möglich sein, ein paar Geldbündel von einer Bankfiliale zur anderen zu transportieren. Sonst kann ich ja auch zu der Zentrale gehen, wo das Geld liegt.«

Der Bankbeamte nickte etwas betreten und versprach Escher, sein Bestes zu geben: »Wenn wir Glück haben, kann ich das Geld noch heute organisieren.«

Escher musste fast lachen, weil der Berater wie ein Bankräuber klang, der die Kohle organisieren musste.

»Allerdings brauch ich dazu meinen Kollegen«, wurde er schon wieder kleinmütig.

Escher spürte in sich die Überheblichkeit des erfolgreichen Investors aufsteigen, den es nicht wunderte, dass dieser Bedenkenträger seine Aktien zu früh verkauft hat.

»Der Kollege sitzt gerade beim Zahnarzt. Er hat es schon wochenlang mit Tabletten übertüncht. Aber das geht natürlich nicht ewig gut. Dürfte ich Ihnen vorschlagen, dass ich Sie in einer Stunde anrufe, und dann kann ich Ihnen definitiv sagen, ob es heute noch klappt oder nicht. Es ist jetzt leider wirklich sehr knapp von der Zeit her.«

»Ich komm lieber in einer Stunde wieder vorbei«, sagte Escher, der sich dachte, am Telefon wird er mich warten lassen, und dann schaselt er mich ab und sagt, es ist zu spät. Er wunderte sich selbst, dass er es so eilig hatte. Im Prinzip war es scheißegal, ob er das Geld heute bekam oder morgen früh. Er brauchte ja ohnehin noch Zeit, um mit der Witwe zu sprechen und die Reise zu organisieren und die Übergabe mit den Entführern auszuhandeln.

Im Café bestellte er Eiernockerln mit Salat und verschlang

sie mit der gelassenen Gier eines Raubtieres. Seine rechte Hand schaufelte das Essen in seinen Mund, während seine Augen sich das neben dem Teller liegende Buch einverleibten.

Dann tauchte Corrado doch wieder auf. Ala kam es so vor, als hätte sie ihn schon gehört, bevor er überhaupt das Gebäude betrat. Dem fernen Erdbeben des sich in Bewegung setzenden Aufzugs folgte das Ächzen der näher kommenden Last. Schließlich erklang die scheppernde Verkündigung der Liftkabine, dass sie abermals einem Absturz entgangen war. Das Türenschlagen und das Scharren von Corrados Füßen wurde abgelöst vom immer gleichen Klirren des Gefängniswärterschlüssels, mit dem Corrado die Tür aufsperrte, nachdem er erfolglos versucht hatte, sie einzutreten.

»A tavola, cucciolo mio«, begrüßte er sie jedes Mal im selben Arschlochtonfall, und auch wenn Ala es nicht verstand, wollte sie ihn allein für das »mio« umbringen.

Aber sie ließ sich nichts anmerken. Sie starrte weiter in ihr Buch, als wäre Corrado gar nicht da.

»Eat!«

Er knallte die Schüssel einen Zentimeter neben ihr Buch, aber auch davon ließ sie sich nicht aufschrecken.

»Eat!«

»Ich muss Sie leider auf morgen früh vertrösten«, las Ala laut und musste lachen. Schade, dass Corrado, dieser Trottel, den Satz nicht verstehen konnte. Sonst hätte er kapiert, wie lustig das war.

Dabei sagte es der zerknirschte Herr Nagy zu Escher, als dieser nach einer Stunde in die Bank zurückkam. »Der Kollege musste beim Zahnarzt zwei Stunden warten, und jetzt ist es endgültig zu spät.«

Escher wunderte sich über die Wut, die bei dieser Nachricht in ihm aufstieg. Hatte das viele Geld seinen Charakter binnen einer einzigen Stunde verdorben? Er wollte auf den Tisch hauen, wusste aber nicht, wie er seinem Ärger Luft machen sollte. Die neue Rolle als Kunde des Private Banking war noch zu ungewohnt. Und so kam der Bankbeamte ihm zuvor und riss das Steuer herum: »Aber ehrlich gesagt, es ist vielleicht auch für Sie besser so.«

»Für mich ist es besser, wenn ich warte?«

»Sie möchten das Geld doch in Einhundert-Euro-Scheinen«, erinnerte der Bankberater Escher an seinen Wunsch nach der Stückelung. »Wissen Sie, wie viel dreißigtausend Einhundert-Euro-Scheine wiegen?«

»Sie werden es mir gleich sagen«, antwortete Escher, der langsam die Geduld verlor mit diesem betulichen Menschen, der die Kohle einfach nicht herausrücken wollte.

Ein Schein wiege 1,02 Gramm, verriet der Bankberater dem frischgebackenen Millionär. Bei dreißigtausend Einhundert-Euro-Scheinen müsse er also mit einer Last von etwas über 30 Kilogramm rechnen. Er ließ seine langen, aber doch äußerst gelenkigen Finger über den Taschenrechner klappern, der auf Escher antiquiert wirkte wie die Registrierkassa in einer ländlichen Gemischtwarenhandlung.

»30,6 Kilogramm!«, präzisierte der Berater Nagy seine Schnellschätzung. »Ich dachte mir, es ist gut, dass Sie darauf vorbereitet sind. Wegen der Transportlogistik, wenn ich das so sagen darf.«

»Dann werde ich morgen wohl am besten mit einem Trolley kommen«, sagte Escher. »Dreißig Kilo, da verhau ich mir sonst noch das Kreuz.«

»Ja, ein Trolley ist eine gute Idee«, sagte der Herr Nagy, während er schon weitere Berechnungen anstellte.

Escher kam es so vor, als müsste der Bankberater nach der verweigerten Investment-Beratung samt Zins-, Risiko- und Ertragsberechnungen, um nicht wahnsinnig zu werden, zum energetischen Ausgleich wenigstens irgendwas berechnen: »Hundert Einhundert-Euro-Scheine ergeben einen Stapel von 1,2 Zentimeter, das kennen Sie vielleicht, das sind diese typischen 100-Euro-Bündel.«

»Naja, kennen nicht unbedingt«, sagte Escher. »Aber man hat eine Vorstellung davon.«

»Ja, so ein kompaktes Zentimeterbündel ist das«, sagte der Bankberater und deutete mit Daumen und Zeigefinger die Dicke des Geldbündels an. »In unserer Welt ist das natürlich ein vertrauter Anblick. Jedenfalls vertrauter als drei Millionen.«

Er blickte Escher erwartungsvoll an, ob diese Bemerkung vielleicht ein amüsiertes Lächeln auf seine Lippen zauberte.

»Drei Millionen entspricht 300 solcher Stapel«, sprach er in die ausbleibende Resonanz hinein. »Das wären immerhin 360 Zentimeter, also drei Meter sechzig. Wenn man alle übereinanderstapelt. Also zu meinen zwei Metern noch ein Meter sechzig dazu.«

»Im Trolley kann man sicher zehn Stapel unterbringen«, sagte Escher, dessen Stolz als Puzzlemeister es nicht zuließ, sich die Stapelberechnung völlig aus der Hand nehmen zu lassen. »Das sind dann 10 mal 36 Zentimeter.«

»Ja, das könnte eventuell zu knapp werden«, überlegte der Bankbeamte laut. »Ich glaube nicht, dass die Grundfläche eines Einkaufstrolleys für 10 Stapel reicht. Ein Schein hat 147 × 77 Millimeter, also 15 Zentimeter mal 8 Zentimeter – cum grano salis.«

»Cum grano salis«, schmunzelte Escher, den der blasse Herr Nagy mit dieser antiquierten Formulierung doch noch eingewickelt hatte. »Sind Sie in ein humanistisches Gymnasium gegangen?«

»Leider«, antwortete der Bankbeamte. »Ich war ja im Rechnen immer besser als in alten Sprachen. Das war nicht ganz die richtige Schulform für mich. Aber –«

Zu lang her, um sich darüber aufzuregen, sagte seine wegwerfende Geste, die er mit einem nachsichtigen Lächeln begleitete, das der absurden Welt außerhalb des Taschenrechners zu gelten schien.

»Wenn Sie zwei Reihen zu je fünf Stapeln bilden, dann haben Sie 40 mal 30 Zentimeter«, kam er wieder zur Sache. »Ja, das dürfte gehen. Das könnte hinkommen mit der Grundfläche eines Trolleys.«

»Ich werde einen Trolley kaufen, der groß genug ist«, sagte Escher, dem es langsam reichte. »Wann ist das Geld da?«

»Morgen um neun ist es sicher da. Möchten Sie einen Kalender?«

»Einen Kalender? Damit ich mir den Termin morgen früh merke?«

»Nein, den merken Sie sich schon, da bin ich zuversichtlich. Aber wir haben einen sehr schönen Taschenkalender für Privatkunden. Er ist sehr gefragt. Die reichsten Leute rufen an, wenn sie ihn nicht kriegen.«

»Nein, danke. Ich merk mir meine Termine auswendig.«

»Beneidenswert.«

Auf dem Heimweg kaufte sich Escher einen violetten Trolley, maß ihn zu Hause ab und kam zu dem Ergebnis, dass Zehnerstapel doch besser waren, damit das Geld beim Transport nicht in zu lockeren Stapeln durcheinanderpurzelte. Dann setzte er Brueghels *Bauernhochzeit* zusammen, vielleicht, weil die schwere Last der hereingetragenen Speisen und die schöne Ordnung der Teller auf dem Tragebrett ihn an seine eigene Transportproblematik erinnerte. Obwohl ihm Nellie Wieselburger vor langer Zeit weisgemacht hatte, der überzählige Fuß unter dem Tragebrett gehöre zu dem in der Servierbewegung durchgestreckten Hochzeitsgast, hoffte er immer noch, dass sie Unrecht hatte. Jedes Mal, wenn er das Bild zusammenbaute, erwartete er einen verspäteten Gast, der auf diesem Fuß in das Bild spazieren würde.

Nachdem er alles für den nächsten Morgen vorbereitet hatte, ging er zu Bett. Wie befürchtet, war er aber viel zu aufgekratzt, um einzuschlafen. Nachdem er sich eine Weile lang im Bett herumgewälzt hatte, drehte er noch einmal das Licht auf und hoffte, beim Lesen müde zu werden. Er beneidete die Romanfigur, denn sie tat das, was er gern getan hätte, und schlief so tief, dass sie nicht einmal vom Scheppern der Liftkabine aufwachte.

Erst als Corrado hereinstürmte, schreckte Ala auf. Zu allem Überfluss war er auch noch in Begleitung. Zwei Frauen kamen hinter ihm nach. Die ältere war vom Kopftuch bis zu den Schuhen schwarz gekleidet. Ala fürchtete, dass es die Witwe Madrisa war, deren Essen sie schon so oft verweigert hatte. Trotz ihrer Großmutterkleidung war die Witwe höchstens so alt wie Alas Mutter. Die Jüngere war erst in Alas Alter. Sie hielt eine gusseiserne Backform in beiden Händen.

»Ala!«, rief die Witwe, doch es hörte sich nicht an wie ein Name, sondern wie ein schmerzerfüllter Seufzer, der tief aus ihrer Brust kam. Corrado stieß sie zornig zur Seite, als sie mit Tränen in den Augen versuchte, Ala in ihre Arme zu schließen. Die

Witwe sagte kein Wort zu dem Grobian, nur ihr vernichtender Blick radierte ihn aus. Die Jüngere aber hob das eiserne Geschirr und brüllte Corrado so wütend an, dass es Ala nicht gewundert hätte, wenn sie ihm den heißen Inhalt über den Kopf geschüttet hätte. Diese wütende junge Frau war Madrisas jüngste Tochter Nicoletta. Sie fürchtete sich nicht vor Corrado und erzählte Ala, dass sie es war, die auf FAMILYTREE als »Carlotta« Kontakt zu ihr aufgenommen hatte, bevor Corrado ihre Identität klaute. Auch sie sei auf der Suche nach Verwandten ihres Vaters, den man erschossen habe, als sie drei Jahre alt war.

Ala hatte sich nicht mehr im Spiegel gesehen, seit er unter ihrem Schlag in tausend Teile zersprungen war. Angesichts der jungen Frau aber, die ihre Cousine oder Keineahnunggroßcousine war, dachte Ala, dass ihr Verstand sich endgültig verabschiedet hatte. Nicoletta stand vor ihr wie ihr leibhaftiges Spiegelbild. Aus diesem spooky Moment erlöste sie Corrado. Er trat auf Alas Spiegelbild zu und nahm den Deckel von dem Geschirr in ihren Händen. Der köstliche Duft des Gerichts erfüllte Alas Gefängnis.

»Melanzane alla parmigiana!«, rief Corrado wie ein verzückter Fernsehkoch. »A tavola, cucciolo mio!«

»Non parlarle così, stronzo!«, fuhr Nicoletta ihn wütend an und stellte den Kochtopf auf den Tisch.

Ihre Empörung kostete den Affen nur ein Lachen.

Die Gesten der beiden waren so sprechend, dass Ala das Gefühl hatte, alles zu verstehen.

»Dai, parla con lei!«, giftete er Nicoletta an.

Die Witwe redete ruhig auf Ala ein. Mit ihren Händen machte sie keine aufgeregten Gesten, sondern berührte nur liebevoll Alas Oberarm, während Nicoletta die Worte ihrer Mutter übersetzte. Ala solle essen, sie werde bald frei sein. Das Geld sei schon unterwegs. Madrisa wollte ihr mitgebrachtes Gericht für Ala anrichten, fand aber keine Teller in der Wohnung und stellte Corrado zur Rede. Er machte eine verächtliche Geste, holte den einzigen Löffel aus der Spüle und hielt ihn Ala hin. Da sie ihn nicht nahm, warf er ihn genervt in den Kochtopf und lehnte sich demonstrativ an die Wohnungstür, um sich dem Handyspiel zu widmen, nach dem er süchtig war.

»Du musst essen«, sagte Nicoletta. »Sie haben das Geld schon gesammelt. Es dauert nur noch kurz, bis du frei bist.«

»Ich will nicht frei sein«, sagte Ala. »Mein Vater ist tot. Und ich bin schuld daran.«

Madrisas Gesicht erstarrte zu Stein. Ihre Tochter übersetzte die Worte ihrer Mutter, deren strengen Ernst Ala auch ohne Übersetzung verstanden hätte: »Wer behauptet, dass dein Vater tot ist?«

»Es steht geschrieben«, sagte Ala.

»Es steht geschrieben?«, wiederholte Nicoletta ungläubig.

Sie übersetzte es für ihre Mutter, und diese wiederholte erbost »C'è scritto?«

Die Witwe schüttelte energisch den Kopf: »No, non c'è scritto!«

»Si«, sprach Ala ihr erstes Wort auf Italienisch. »Si, c'è scritto.«

Die Witwe Madrisa redete eindringlich auf ihre Tochter ein, die für Ala übersetzte: »Es steht nichts geschrieben, bevor –«

»Vaffanculo!«, fluchte Corrado, der am neuen Punkterekord so knapp wie noch nie gescheitert war. Er stampfte auf die drei Frauen zu und deutete wütend auf die Köstlichkeit, die Ala endlich essen sollte.

Da Nicoletta sich weigerte zu übersetzen, was er sonst noch von sich gab, und Ala sich weiterhin weigerte, etwas zu essen, scheuchte er die beiden Frauen Richtung Ausgang.

Ala rief Madrisa hinterher: »Was meinst du damit?«

»Womit?«, fragte Nicoletta.

»Dass nichts geschrieben steht, bevor. Sie hat gesagt: Es steht nichts geschrieben, bevor! Was wollte sie sagen? Bevor was?«

Corrado verlor endgültig die Geduld und bugsierte die beiden Frauen aus der Wohnung.

»Bevor was?«, rief Ala ihnen verzweifelt nach.

Doch sie waren schon draußen, Ala hörte nur noch den Schlüssel, mit dem Corrado die Tür zusperrte.

In ihrem Buch stand geschrieben, dass ihr Vater tot war. Sie zählte die Seiten, die sie noch bis zum Ende übrig hatte. Sie las, wie dieser Escher am Morgen mit einem leeren Einkaufstrolley die Bank betrat, um sie kurz darauf mit dem prall gefüllten Trolley wieder zu verlassen und wie ein Bankräuber in seinem Alhambra davonzurasen.

Während sie überlegte, ob es nicht viel besser gewesen wäre, statt zehn zwölf Stapel zu bilden, und nachrechnete, welche Konsequenzen das bei einer Scheingröße von 147 × 77 gehabt hätte, bemerkte sie gar nicht, dass ihre Hand sich nach dem Löffel in Madrisas unwiderstehlich duftendem Melanzani-Eintopf ausstreckte, den sie sich so langsam, wie sie las, Satz für Satz und Löffel für Löffel einverleibte.

Mit jedem Bissen, den sie zu sich nahm, konnte sie sich besser konzentrieren. Ihr Gehirn beendete den Stromsparmodus und produzierte Gedanken. Thesen, Überlegungen, Vermutungen, Spekulationen. Sie vermutete, Madrisa hätte ihr sagen wollen, man weiß nie, was geschrieben steht, bevor man den letzten

Satz gelesen hat. Bevor man am Ende des Buches angekommen ist. Den nicht mehr verschwommenen Sätzen des Buches konnte sie jetzt wieder problemlos folgen, und sie las schneller, achtete aber darauf, dass ihr kein Wort entging.

Mit 110 Stundenkilometern fuhr Escher auf der Autobahn. Seit er die Landesgrenze hinter sich hatte, achtete er besonders darauf, keine Geschwindigkeitsbegrenzung zu überschreiten. Mit drei Millionen in bar will niemand in eine Polizeikontrolle geraten. Auch wenn mit dem Geld alles in Ordnung ist. Er hatte gehört, dass ausgerechnet die Italiener, denen das gegenteilige Klischee anhaftete, Geschwindigkeitsübertretungen mit besonderer Strenge ahndeten.

Der Stau an der Mautstelle machte ihn nervös, und er lud sich das Hörbuch herunter. Es zahlte sich eigentlich nicht mehr aus, weil er schon den Großteil gelesen hatte, aber er wollte nicht bis zum Abend warten, um zu erfahren, wie es weiterging. Zu seiner Überraschung klappte der Download tadellos. Dafür bekam er Probleme beim Bezahlen der Autobahnmaut. Obwohl er sich richtig eingereiht hatte – weder bei den Lastwägen noch bei den Schlangen für die Autos mit Jahrespass –, wurde seine Karte vom Lesegerät nicht akzeptiert. Der Bankberater hatte ihm zuerst eine bessere Kreditkarte versprochen, war aber nach dem Abheben des gesamten Vermögens nicht mehr darauf zurückgekommen. Und schon lag ein Fluch auf seiner alten Kreditkarte. Escher fragte sich, ob er jetzt, da er gleich viel Geld wie eh und je auf dem Konto hatte, mit seinem Problem noch bei der Private-Banking-Nummer anrufen durfte.

Erleichtert stellte er fest, dass der Automat auch Bargeld akzeptierte. Allerdings konnte er nur 37 Euro zusammenkratzen, und die Maut betrug 41 Euro! Im Türfach fand er noch eine Fünfzig-Cent-Münze, und das war es. Er konnte es nicht glauben. Obwohl in seinem Trolley drei Millionen lagen, hatte er nicht genug Bargeld bei der Hand, um die Schranke zu öffnen.

Er war gezwungen auszusteigen, und umständlich einen Hunderter aus dem Trolley zu fischen. Zu seiner Verwunderung hupte niemand, und er konnte den Trolley in Ruhe öffnen und einen Schein aus dem von einer Banderole fest zusammengehaltenen Bündel zupfen. Die Stille der immer länger werdenden Kolonne bekam fast etwas Bedrohliches. Escher fand, dass er ein stabiles Nervenkostüm hatte, konnte aber nur mühsam einen Schreianfall unterdrücken, als er feststellte, dass der Geldautomat einen so großen Schein nicht akzeptierte. Jetzt begann doch der erste der wartenden Fahrer zu hupen. Escher drückte den roten Knopf der Sprechanlage, bekam aber nur ein aufgeregtes Italienisch zu hören, von dem er kein Wort verstand. Er sah ein, dass er zurücksetzen und sich zu der Geldwechselhütte durchkämpfen musste. In dem Moment, als er den Rückwärtsgang einlegte, klingelte sein Telefon.

»Nellie Wieselburger« stand auf dem Display. Da er seine Mailbox schon vor langer Zeit abgestellt hatte, hörte das Klingeln während der ganzen Zeit nicht auf, wurde aber von dem gigantischen Hupkonzert übertönt, das endlich ausbrach, als er die Kolonne zum Zurücksetzen zwang.

Erst eine Stunde später, nachdem er Geld gewechselt und an einer anderen Schranke festgestellt hatte, dass er es nicht brauchte, weil hier auch seine Karte tadellos funktionierte, fiel ihm Nellie Wieselburger wieder ein. Er war immer noch genervt davon, dass sie ihm minutenlang die Ohren vollgeklingelt hatte, ohne aufzugeben.

»Danke, dass du mich zurückrufst«, begrüßte sie ihn ausgesprochen höflich.

Irgendwas war nicht in Ordnung, das hörte er sofort.

»Klar, ich hab nicht abheben können, weil ich gerade beim Einparken war, und dann –«

»Du, ich muss was Wichtiges mit dir besprechen.«

Am liebsten hätte er sofort aufgelegt. Wichtiges war ihm grundsätzlich unangenehm. Besonders, wenn es so angekündigt wurde. So wieselburgermäßig. Nellie Wichtigburger, so hätte er sie nennen sollen in seinem Buch. Vielleicht wäre es dann ein Erfolg geworden. Wenn er sie Nellie Wichtigburger genannt hätte.

»Ich bin jetzt leider nicht daheim«, sagte Escher.

»Das ist kein Problem. Wir können ja ein bisschen telefonieren. Oder stör ich dich?«

»Nein, nein. Okay.«

Escher wurde von einem LKW angeblinkt, weil er immer langsamer wurde. Er trat aufs Gas und überholte ein paar Fahrzeuge, bevor er sich wieder rechts einordnete und den Tempomat aktivierte.

»Wir kennen uns jetzt schon wirklich lang, und irgendwie finde ich es nicht gut, wie wir miteinander umgehen«, holte sie mitten im Jahr zu einer Neujahrsansprache aus.

»Aha«, sagte Escher, wobei er wegen der ihn urplötzlich heimsuchenden Energielosigkeit das erste A durch ein kehliges Luftgeräusch ersetzte und das zweite ganz wegließ, so dass vom prinzipiellen Wohlklang seiner Antwort nur ein besseres Röcheln übrig blieb, das wie die letzten Worte eines Erstickenden klang.

»Ich bin sicher auch nicht unschuldig daran«, sagte Nellie. »Ich hab damals so getan, als würde es mich überhaupt nicht stören, dass du mich in deinem Buch so durch den Kakao gezogen hast. Erinnerst du dich, dass ich es immer überspielt und so getan habe, als würde mich nur der Name Mitzi stören?«

»Sicher, aber ich hab das nicht böse gemeint mit der Mitzi.«

»Darauf will ich ja gerade hinaus«, sagte sie. »Dass ich mich über den Namen aufgeregt hab, war ja nur, weil ich mir das andere nicht anmerken lassen wollte. Ein Täuschungsmanöver, verstehst du?«

»Aha.«

»Hast du wirklich geglaubt, deine abfälligen Kommentare über meine Trauerreden sind mir völlig egal?«

»Das ist so lang her. Ich kann mich nur noch schlecht erinnern.«

»Ich schon, Escher. Ich erinnere mich sehr gut. Aus Trauerbausteinen zusammengeschusterter Empathiesprech. Gefühlloser Prosaautomat. Glaubst du, so etwas geht spurlos an einem vorüber?«

Zum ersten Mal im Leben fiel ihm auf, was für eine schöne Stimme sie hatte. Nicht so abgebrüht und herrisch, wie heutzutage alle klangen. Sondern eher in die schöne Richtung. Er befand sich in einem Dilemma. Einerseits wollte er, dass sie mit der Ansprache zu einem Ende kam, andererseits sollte ihre Stimme weiterlaufen.

»Naja, aber das war schon ein bisschen – das war doch witzig gemeint, Nellie.«

»Witzig war das überhaupt nicht«, sagte Nellie ganz sachlich, ohne ihm über den Mund zu fahren oder die Stimme zu erheben. »Ich glaub eher, dass du wirklich ein Problem hast, wenn dir ein Mensch nahekommt. Wir haben uns doch damals eine Zeit lang total gut verstanden. Und auf einmal hast dich nicht mehr gemeldet. Nie Zeit gehabt.«

»Es war halt immer irgendwas.«

»Irgendwas ist immer, Escher. Und angelogen hast mich auch die ganze Zeit.«

»Nein. Höchstens wenn's einmal einfacher war. Mit den Erklärungen und so.«

»Ich hab dann auch meinen Stolz gehabt und mich lieber mit anderen getroffen. Und dann kommst du mit diesem Buch daher.«

»Geh, da waren aber schon ein paar Jahre dazwischen. Das brauchst nicht in Zusammenhang bringen.«

»Ich finde jedenfalls, wir könnten uns langsam wieder normal benehmen. Mehr will ich ja gar nicht.«

»Ja, das machen wir.«

»Einfach ehrlich zueinander sein.«

»Klar.«

»Brauchst nicht so kleinlaut sein. Ich sag das nicht als Vorwurf. Was denkst du denn jetzt?«

»Das willst du nicht wissen.«

»Woher willst du wissen, was ich nicht wissen will?«

Escher spürte, wie der Todestrieb ihn erfasste. Er war drauf und dran, Nellie Wieselburger die Wahrheit zu sagen.

»Naja, wie soll ich sagen. Ich hab gedacht, dass man nicht immer ehrlich sein kann, Nellie. Wenn einer zum Beispiel im Zeugenschutz ist. Der muss alles verschweigen. Über seine Vergangenheit und so. Der kann nicht ehrlich sein. Da ist Unehrlichkeit sogar ein Liebesbeweis.«

Nellie lachte. »Ach, Escher. Du bist so ein Spinner! Ein noch weiter an den Haaren herbeigezogenes Beispiel fällt dir nicht ein?«

Dann sagten sie beide eine Weile nichts.

»Was machst du denn gerade? Weil du sagst, du bist nicht daheim.«

»Ich muss nur schnell nach Italien fahren. Ich hab drei Millionen im Kofferraum und muss eine Geisel auslösen.«

»Na, ich seh schon«, sagte Nellie traurig. »Bei dir kommt man nicht weiter. Aber ich bin trotzdem froh, dass ich es dir einmal gesagt hab.«

»Ich bin auch froh«, sagte Escher.

Er überlegte, ob das eine Lüge war oder ob es stimmte.

»Weißt du, was mir aufgefallen ist? Du hast eine sehr schöne Telefonstimme.«

»Eine schöne Telefonstimme?«, lachte sie. »Das ist ja eine Beleidigung! So, wie wenn man zu wem sagt, du bist so fotogen.«

Während Escher noch darüber nachdachte, ob das stimmte, verabschiedete Nellie sich freundlich und legte auf.

Überrascht stellte er fest, dass hundert Kilometer wie nichts vergangen waren. Betäubt von dem Telefonat fuhr Escher auch noch an Florenz vorbei, wo er eigentlich übernachten wollte. Bald darauf wurde er so müde, dass er sich im erstbesten Hotel in der Nähe der Autobahn ein Zimmer nahm. Wenigstens versuchte in dieser Absteige niemand, ihm mit dem Gepäck zu helfen. Er hob den Trolley neben sich in das Ehebett, legte seinen Arm um ihn und schlief augenblicklich ein. Um vier Uhr früh wachte er auf und fuhr ohne Frühstück sofort weiter.

Einen doppelten Espresso und ein Cornetto frühstückte er erst an der Tankstelle, die er gerade noch mit der Reserve erreichte. Die Karte funktionierte tadellos. Er kaufte sich noch eine Dose gekühlten Espresso, den er während der Fahrt trinken wollte. Jetzt erst fiel ihm das Hörbuch wieder ein, und er klickte sich durch bis zu der Stelle, wo sein Buch daheim auf dem Gesicht lag.

Ala wachte auf, weil Corrado wieder in ihr Zimmer kam. Zuerst glaubte sie, sie wäre nur kurz am Tisch eingeschlafen. Aber es war draußen schon hell. Überrascht stellte sie fest, dass der Kochtopf leer war.

Corrado lachte blöd, als er sah, wie viel sie gegessen hatte.

»Stronzo!«, schleuderte sie ihm das Wort entgegen, das ihm am Vortag Nicoletta an den Kopf geworfen hatte.

Alas Tonfall hörte sich für sie selbst fremd an. Die Kraft war in ihren Körper zurückgekehrt. Ihre Stimme klang so kräftig, als hätte sie sich über Nacht in ihr Spiegelbild Nicoletta verwandelt.

Als würde auch er sie mit Nicoletta verwechseln, sagte Corrado etwas auf Italienisch. Und erst als Ala ihn verständnislos anschaute, befahl er ihr auf Englisch zu packen.

»Was?«

»Du bist frei.«

»Für wie blöd hältst du mich, Stronzo?«, brüllte sie. »Ihr wollt mich umbringen!«

»Nein. Pack alles ein! Wir haben nicht so viel Zeit.«

Da sie sich nicht rührte, raffte er selbst die paar Sachen zusammen, die sie ihr gelassen hatten, und stopfte sie in Alas Rucksack.

Dann stieß er ihr den vollen Rucksack so gegen die Brust, dass sie ihn reflexhaft mit beiden Armen umfasste. Im selben Moment packte er ihren Oberarm, ignorierte Alas wütenden

Schmerzensschrei, zerrte sie aus der Wohnung und drängte sie in den Lift. Nicht einmal im Lift ließ er locker.

»Du! Tust! Mir! Weh!«, schrie Ala auf Deutsch.

»Dü! Tü! Miwe!«, äffte er sie lachend nach.

Im Vergleich zu ihm klang das Scheppern des Lifts intelligent. Bei der unsanften Landung im Erdgeschoß hielt die Kabine einen halben Meter zu weit unten, und die Tür ließ sich nicht öffnen. Corrado fluchte. Sie fuhren noch einmal ganz hinauf, dann retour in das Erdgeschoß.

Schließlich landeten sie doch noch im Auto, das mit laufendem Motor wartete und von der pulsierenden Musik zum Hüpfen gebracht wurde. Es war dieselbe Karre, in der man sie hergebracht hatte. Auch der Fahrer war derselbe. Er hatte eine neue Frisur, aber das Parfum war leider das alte.

Corrado zeigte ihm den blutigen Kratzer auf seiner Hand, den Ala ihm zugefügt hatte und sagte etwas, wovon Ala nur die Worte »puttana« und »stupida« erkannte. Der Fahrer lachte dreckig und fuhr los.

Es ärgerte Ala, wenn sie Italienisch redeten. Auf Englisch sagte sie: »Mir ist schlecht!«

»Du hast zu viel gefressen«, lachte Corrado.

»Ich muss kotzen!«

An der sofortigen Vollbremsung und der eiligen Fürsorge, mit der sie Ala aus dem Auto halfen, damit sie sich in den Straßengraben übergeben konnte, war die große Liebe der beiden zu ihrem Auto zu spüren.

»Du stinkst«, fluchte Corrado, als sie wieder im Auto saß. »Das ist das Schlimmste, was es gibt! Einem Menschen beim Kotzen zuschauen!«

»Sag doch mal irgendwas Nettes«, hörte Ala sich sagen. »Ich

bin vierzehn Jahre alt, du kannst doch mal irgendwas Nettes zu mir sagen.«

»Sag du mal was Nettes zu mir! Ich bin dreiundzwanzig – sag du was Nettes!«

»Ich hab zuerst gefragt.«

Corrado lachte. »Du musst immer das letzte Wort haben, was? Also. Wenn das Geld kommt, bist du frei.«

»Und wann kommt das Geld?«

»Jetzt du!«

»Was?«

»Jetzt musst du was Nettes sagen.«

»Ich muss aufs Klo.«

»Was?«, schrie der Fahrer entsetzt.

»Wir sind gleich da«, sagte Corrado.

»Wie lange noch?«, fragte Ala.

»Eine Stunde«, behauptete Corrado gleichzeitig mit dem Fahrer, der »Zwei Stunden« sagte.

»So lang kann ich nicht warten. Pech für deinen Autositz.«

»O Mann! Einmal musst du kotzen, einmal musst du pissen! Was bist du für ein Baby?«

»Du kannst es dir aussuchen«, sagte Ala.

»Ich kann dich nicht aussteigen lassen, ohne dir die Handschellen anzulegen«, drohte ihr Corrado.

»Bleib endlich stehen!«, brüllte Ala.

Der Fahrer schlug vor, auf der nächsten Brücke stehen zu bleiben. »Da kann sie nicht davonlaufen.«

Corrado sagte nicht ja und nicht nein, was so viel wie ja hieß. Auf der Brücke öffnete er die Beifahrertür und die Hintertür.

»Siehst du, so macht man das. Da hast du Sichtschutz von vorn und von hinten.«

»Und was ist mit euch?«

Die beiden lachten idiotisch.

»Wir sind wie Ärzte«, sagte Corrado. »Unsere Blicke zählen nicht.«

»Los, steigt auf der anderen Seite aus und schaut Richtung Straße! Ich kann hier sowieso nicht davonlaufen.«

Da sie sich vor der in Ala gefahrenen Cousine Nicoletta fürchteten, stiegen sie auf der Fahrerseite aus und schauten den Sattelschleppern zu, die mit einem Meter Abstand an ihnen vorbeidonnerten.

Kaum saß Ala wieder im Auto, kamen die beiden auf die Idee, dass auch sie die Gelegenheit nutzen konnten. Sie stiegen noch einmal aus und schifften nebeneinanderstehend auf die unter der Brücke dahinrasenden Autos. Einmal hatte Ala gehört, dass ein Jugendlicher starb, weil sein fröhlich von der Brücke gesandter Urin auf die Starkstromleitung der Eisenbahn traf. Sie betete, den beiden möge dasselbe passieren, aber sie war nicht gut mit Gebeten, und nichts passierte.

Die weitere Fahrt verlief störungsfrei. Als Ala schon glaubte, sie würden ewig durch diese fremde Landschaft von einem Ruinendorf zum nächsten fahren, hielten sie vor einem verfallenen Steinhaus. Es wirkte, als wäre es seit dem vorletzten Erdbeben unbewohnt. Alle Fenster und Türen waren verrammelt. Die steinerne Madonnenstatue, die neben der Tür in einer Einbuchtung stand, war so verwittert, als hätte sie hier schon vor Christi Geburt Wache gehalten.

Alas Leibwächter grüßten die heilige Jungfrau mit einem scheinheiligen Augenaufschlag, und schon fuhr die Madonna langsam und lautlos zur Seite und hinterließ einen Mauerspalt zwischen sich und der verrammelten Tür.

»Miracolo!«, lachte Corrado. »Weißt du, wer sich das ausgedacht hat? Die Fernsteuerung und alles? Die Augenerkennung und alles? Lang bevor es die anderen hatten? Wer das alles entworfen hat? Ein Genie! Ein technisches Genie!«

Er griff nach ihrem Arm, aber nur so fest wie ein normaler Mensch, und man hätte glauben können, ein Bräutigam führe seine Braut zum ersten Mal in das Haus seiner Eltern.

»Dein Vater!«, sagte Corrado ehrfurchtsvoll. »Nur er weiß, wie es funktioniert.«

Die Madonna verschloss hinter ihnen wieder das Haus, und in dem Moment, wo das Tageslicht ausgesperrt war, öffnete sich vor ihnen eine Lifttür.

»Miracolo!«, jubilierte Corrado wieder.

Der Lift trug sie sanft mehrere Etagen nach unten, wo sie eine luxuriöse Wohnetage betraten. Wie in einer Hotellobby wurden die Gäste von ruhiger Musik empfangen, und die raffinierte Beleuchtung machte die Besucher blind für die fehlenden Fenster. Weil Ala ihre Füße noch nie auf einen so edlen Teppich gesetzt hatte, wollte sie ihre Schuhe ausziehen, aber Corrado winkte ab und öffnete eine Tür. Diese führte zu einer eleganten Wohnung, die von einem riesigen Aquarium beleuchtet wurde. Statt der Fenster hing an jeder Wand ein Bildschirm und zeigte die Landschaft, durch die sie gerade gefahren waren.

»Du bleibst hier«, sagte Corrado. »Morgen sehen wir uns wieder.«

»Du hast gesagt, ich bin frei.«

»Morgen. Wenn das Geld kommt.«

Er versperrte die Tür hinter ihr.

Ala betrachtete die Fische und wartete. Die durch die Scheibe glotzenden Tiere erinnerten sie an ihr eigenes Leben hinter dem Hochhausfenster. Sie wartete darauf, dass irgendjemand kam oder ein Telefon läutete oder eine Stimme ertönte. Aber nichts davon geschah, und der Anblick der Fische beruhigte sie so sehr, dass sie es wagte, sich in der Wohnung umzuschauen. Auf dem gläsernen Couchtisch stand eine Schüssel mit weißen und blauen Trauben, winzigen Bananen und Früchten, die sie nicht kannte. Der Kühlschrank war voller Delikatessen, und die Espressomaschine blinkte einladend. Sie öffnete einen Schrank, in dem sie Bademäntel fand und Badesandalen. Das Bad war so elegant, dass sie kaum wagte, es zu betreten. Eigentlich drehte sie den Wasserhahn nur auf, um zu überprüfen, ob hier wirklich Wasser lief. Als die Wanne voll war, legte sie sich hinein und wartete, bis das Wasser kalt wurde. Der Spiegel erinnerte sie an Nicoletta und an die sanften Augen der Witwe Madrisa.

Das Bett in ihrem Schlafzimmer wäre breit genug für ihre ganze Familie gewesen. Sie fragte sich, wie man das Monstrum hier hereinbekommen hatte. Damit sie Selina Katharina die Zahl nennen konnte, zählte sie die Kissen. Dann stand sie auf und versuchte, die Fische im Aquarium zu zählen. Dann legte sie sich wieder ins Bett und zählte die Seiten, die das Buch noch hatte. Aber das Zählen nützte nichts, in so einem Bett war es unmöglich einzuschlafen. Und weil Madrisa behauptet hat, es stehe nichts geschrieben, bevor –, nahm sie die letzten Seiten in Angriff.

Obwohl Escher während der ganzen Fahrt auf die Geschwindigkeitsbeschränkung geachtet hatte, raste er zwei Stunden vor Neapel in eine Polizeikontrolle. Das Hörbuch musste ihn zu sehr abgelenkt haben, denn als das Blaulicht in seinem

Rückspiegel aufflackerte, zeigte die Tachonadel zu seiner Überraschung 170 Stundenkilometer an.

Er geriet in Panik und hatte den aberwitzigen Impuls, die Flucht zu ergreifen. Wie sollte er den Polizisten die drei Millionen Euro in seinem Trolley erklären? Sicher, langfristig konnte er beweisen, dass es sein Geld war, nicht die Beute eines Raubzuges. Aber bis dahin würde er womöglich tagelang in einer Zelle schmoren, und für Ala war dann alles zu spät.

Er bremste und ließ sich von dem Polizeifahrzeug überholen, in dessen Heckfenster sich zwei rote Leuchtschriften hektisch abwechselten.

FOLLOW US!

SEGUICI!

FOLLOW US!

SEGUICI!

Escher folgte ihnen. Er ließ die Seitenscheibe noch während der Fahrt hinunter, damit sie seinen Angstschweiß nicht rochen. Vielleicht bestand ja doch eine Chance, dass sie nur seine Papiere, nicht aber sein Gepäck kontrollierten. Oder sie warfen nur einen Blick in den Kofferraum, wo der kleine Reisekoffer mit seiner Wäsche lag, während sie den harmlosen Einkaufstrolley auf dem Rücksitz ignorierten. Wenn er Ruhe bewahrte, gab es immer noch Möglichkeiten, mit dem Schrecken davonzukommen. Zum Glück hatte er beim Schalter der Autobahn-Wechselstube gleich dreihundert Euro abgehoben. Wenn er sich reumütig zeigte und ohne Umstände seine Strafe bar bezahlte, interessierten sie sich vielleicht gar nicht für den Trolley.

SEGUICI!

FOLLOW US!

SEGUICI!

FOLLOW US!

Der Polizeiwagen bog in eine Parkbucht ein, und Escher folgte ihnen.

»STOP HERE!«, befahl ihm die Leuchtschrift. Escher stieg auf die Bremse. Der Polizeiwagen vor ihm war noch gar nicht richtig zum Stillstand gekommen, als der Polizist auf der Beifahrerseite aus dem Wagen sprang. Escher schwitzte Blut. Er sah im Rückspiegel, dass Nellie Wieselburger Recht hatte. Aus dieser Perspektive hatte er tatsächlich eine große Ähnlichkeit mit dem geköpften *Johannes* von Gian Francesco de Maineri. Nur die silberne Schüssel fehlte.

Der Polizist grüßte ihn mit übertriebener Korrektheit und verlangte Eschers Autopapiere. Er studierte sie eingehend, verglich das Foto mit dem Fahrer vor ihm und fragte diesen, ob er Franz Escher sei.

»Si«, sagte Escher. »I am Franz Escher.«

Jetzt erst fiel ihm auf, dass er in seiner Panik nicht daran gedacht hatte, das Hörbuch abzudrehen. Er wollte mit einer vorsichtigen Bewegung, die den Polizisten nicht auf die Idee kommen ließ, dass er nach einer Waffe greifen könnte, das Hörbuch abschalten, aber im selben Moment gab ihm der Polizist seine Papiere zurück. Er bat Escher auszusteigen und den Kofferraum zu öffnen. Die Geschwindigkeitsüberschreitung hatte er immer noch mit keinem Wort erwähnt. Er ließ Escher den kleinen Koffer öffnen und sah, dass er nur zwei Hemden, Unterwäsche und ein Toilettentäschchen enthielt. Anschließend bat er Escher, die hintere Seitentüre zu öffnen. Auf dem Rücksitz lag der violette Trolley. Der Polizist nahm ihn so streng ins Visier, als hielte er ihn für eine Kofferbombe, während der Hörbuchsprecher erzählte, dass Ala durch ein Klopfen an ihre Tür aufgeschreckt wurde.

Ala wagte nicht, auf das Klopfen zu antworten. Aufsperren konnte sie die Tür ohnehin nicht. Sie horchte gebannt, ob jemand etwas durch die Tür rufen würde. Dann hörte sie, wie von außen aufgesperrt wurde.

Ala hatte sich den Boss, von dem Corrado gesprochen hatte, ganz anders vorgestellt. Der weißhaarige Alte war fast so klein und mager wie ein Kind. Auch die Fülle seiner widerspenstigen Haare hätte zu einem Jüngling gepasst. Durch die schlohweiße Farbe und im Kontrast zur durchsichtigen Pergamenthaut wirkten sie fast wie eine Perücke.

»Ich bin Gino«, sagte er und gab Ala freundlich die Hand.

Sein Anzug saß perfekt, nur die Filzpantoffeln, in denen seine Füße über den Boden schlurften, passten nicht dazu.

»Du siehst deiner Großmutter sehr ähnlich, Ala. Sehr ähnlich. Wie geht es dir?«

Ala wunderte sich nicht, dass er ihren Namen kannte, bekam aber trotzdem eine Gänsehaut.

»Ich freue mich, dass du mir etwas Gesellschaft leistest.«

Weil Ala nicht wusste, was sie sagen sollte, erkundigte sie sich nach dem Grund für sein perfektes Englisch.

»Ich war viele Jahre bei der Familie meines Onkels in Chicago.«

Ala nickte. Den Onkel konnte sie sich vorstellen.

»Aber jetzt bin ich schon über zwanzig Jahre hier.«

»Vor zwanzig Jahren sind Sie erst aus Amerika zurückgekommen? Dann waren Sie aber sehr lang dort.«

Ala meinte es nicht böse, aber er musste doch auch vor zwanzig Jahren schon zu alt gewesen sein, um noch einmal ein neues Leben zu beginnen. Sie erschrak, als ihr auffiel, dass ihn diese Bemerkung beleidigen könnte.

»Nein, zurück bin ich schon viel länger«, erklärte der alte Mann nachsichtig. »Zwanzig Jahre bin ich hier im Keller. Aber es fehlt mir an nichts. Die Polizei findet mein Versteck nicht. Man kann nur von innen öffnen. Oder mit den Augen – wenn man die Madonna so fromm grüßt, dass sie in die Seele blicken kann«, lächelte er sanft. »Ich habe hier alles auf meinen Bildschirmen, was draußen vor sich geht.«

»Und die Kameras sieht man nicht?«

Der alte Mann schüttelte zufrieden lächelnd den Kopf. Wehmütig sagte er: »Hat alles Elio gebaut. Die Kamera in der Madonna und alles andere. Die Schaltkreise. Die Augenerkennung, verstehst du? Obwohl er noch so jung war! Er war seiner Zeit weit voraus.«

»Elio?«

»Ja, dein Vater. Er war immer – ich kann es nicht anders sagen: der Zeit voraus! Schon als junger Mann konnte er alles, was mit Fernsteuerungen und Kameras und dem ganzen neuen Zeug zu tun hatte. Alles, was im Entferntesten mit Strom zu tun hatte. Elektrizität, Elektronik, egal, Elio konnte es vor allen anderen. Ihm verdanke ich meine Freiheit. Er hat mir die Medikamente ins Gefängnis geflogen, die mich in den Leichenwagen brachten. Es hat mich sehr geschmerzt, dass er uns verraten hat. Uns allen hat es das Herz gebrochen.«

Ala schluckte.

»Es hätte mir gleich verdächtig sein müssen, dass der Medikamentenflug erst beim zweiten Versuch gelang. Ihm passierten keine Fehler. Aber wenigstens war er so klug, ihnen mein Haus nicht zu verraten«, lächelte der alte Mann. »Elio war sehr klug. Er wusste, dass das seine Lebensversicherung war. Er hat alles verraten. Aber nicht mein Versteck. Machst du mit mir ein Spiel?«

»Was für ein Spiel?«

»Ich mache hier viele Spiele. Es ist ja doch etwas langweilig. Auch wenn ich oft Besuch kriege. Ich habe so viele Enkelkinder. Sie besuchen mich alle. Sie müssen auch mit mir spielen. Sogar mein Schneider muss mit mir spielen, wenn er mich besucht.«

Er lächelte milde, um zu zeigen, dass die Kinder und der Schneider nicht heiß darauf waren, mit ihm zu spielen, er aber trotzdem ihre Gesellschaft genoss.

»Was spielen Sie mit ihnen?«, fragte Ala.

»Die Kinder spielen am liebsten Computer. Aber ich spiele noch altmodisch. Kennst du Puzzle!«

»Puzzle? Klar!«

»Das ist schön. Du bekommst jetzt ein Frühstück, und dann bringt dich Federica zu mir hinüber, und wir können mein Puzzle zusammenbauen.«

Er ging hinaus, um seine Haushälterin zu rufen, die Ala auf einem silbernen Tablett zwei Cornetti und Blutorangenmarmelade servierte. Auf die Frage, ob sie Kaffee oder Tee wünsche, antwortete Ala »si«, und bekam zu ihrer Freude beides. Federica wünschte dem Gast einen guten Appetit und hatte noch kaum die Tür hinter sich geschlossen, als Ala das köstliche Frühstück schon verputzt hatte und in ihrem Buch nach der letzten Zeile suchte, an die sie sich noch erinnern konnte.

Escher spürte, wie seine Beine zitterten. Er hatte Angst umzukippen und stutzte sich vorsichtshalber an der Tür des Alhambra ab. Am liebsten hätte er sich mit der anderen Hand am

Polizisten festgehalten, der streng in das Wageninnere blickte und auf den Trolley deutete.

»Ist das das Geld?«, fragte er, ohne Escher anzuschauen.

»Wie bitte?«

»Ist das das Geld?«

»Was meinen Sie?«

»Du hättest nicht so schnell fahren sollen, wenn du mit dem Geld unterwegs bist«, sagte der Polizist. »Wenn dich die falschen Kollegen erwischen, ist es weg.«

Er schaute kurz in den Trolley, um sich zu vergewissern, dass sie den Richtigen angehalten hatten. Dann ging er kommentarlos zum Polizeiwagen zurück und stieg wieder ein. Die Leuchtschrift im Heckfenster flammte wieder auf und verkündete ihre verführerische Botschaft:

FOLLOW US!

SEGUICI!

FOLLOW US!

SEGUICI!

Zitternd folgte Escher dem Polizeiwagen und hörte aus seinen Lautsprechern, wie Ginos Haushälterin Federica an Alas Zimmertür klopfte. Sie war sichtlich erfreut, dass ihr Gast alles aufgegessen und sogar das Glas mit der Blutorangenmarmelade komplett geleert hatte, nahm das Tablett vom Tisch und begleitete den Gast in Ginos Salon hinüber.

Noch nie hatte Ala so ein märchenhaftes Zimmer gesehen. Ginos Salon erschien ihr wie ein unterirdisches Schloss voller Schätze. Ein Gemach voller auserlesener Möbel und Teppiche und Vasen und Kerzenleuchter in einem verwunschenen Palast. An den Wänden hingen Ölgemälde in prächtigen Goldrahmen, die Ala an den Schulausflug in das berühmte Keineahnungmuseum erinnerten. Hier musste man die Gemälde nicht vor dem Sonnenlicht schützen, denn wie in ihrer Gästewohnung ersetzten riesige Bildschirme die Fenster und boten einen Rundumblick auf die umgebende Landschaft. Auf einem von ihnen sah man Corrados geparktes Auto. Corrado selbst und der Fahrer standen daneben und schienen auf etwas zu warten.

Der Tisch, an dem Gino stand, wäre groß genug für zehn Staatsgäste gewesen. Sie blieben aber nur zu zweit. Gino und Ala. Das Puzzle hatte Gino schon auf dem Tisch ausgestreut und ein paar Fragmente des offenbar riesigen Bildes zusammengebaut. Ihr fiel auf, dass er mit weißen Handschuhen spielte. Und dass die Puzzleteile anders geschnitten waren als üblich. Es waren nicht die typischen bizarren Formen, die sie kannte, sondern quadratische Plättchen, die in ihrer Größe eher an ein Memory als an ein Puzzle erinnerten.

Gino reichte Ala ein Paar feine, weiße Handschuhe.

»Wir müssen mit Handschuhen spielen«, erklärte er. »Es ist zu wertvoll. Man soll es nicht berühren.«

Ala fragte nicht, warum die Teile so empfindlich waren. Es fiel ihr aber auf, dass die kleinen Quadrate keine maschinell hergestellten Kartonteile waren. Einige Teile waren etwas ausgefranst oder nicht ganz exakt geschnitten. Als sie ein helles Quadrat mit einer blauen Ecke in die Hand nahm, bemerkte sie, dass es weicher war als erwartet. Eher wie ein harter Stoff. Auch die Farbe war nicht so glatt wie bei einem Druck, sondern wie richtig auf den Stoff gepinselt.

»Ich übertreibe es wohl mit der Vorsicht«, sinnierte Gino. »Wahrscheinlich wird es ja doch nie wieder in den alten Zustand versetzt. Das ist rein technisch gar nicht möglich. Aber man kann nie wissen. Vielleicht wird es eines Tages möglich sein, dass man wieder ein ganzes Bild daraus macht. Neue Möglichkeiten. Computer! Laser! Elektronische Zauberei! Deshalb berühre ich es nur mit den Handschuhen. Wir wissen nicht, was die Zukunft bringt.«

»Es steht nicht geschrieben«, sagte Ala.

»Nein, nicht geschrieben«, stimmte der alte, zarte Mann zu, und fügte einen weiteren Teil an eines der Fragmente, die an verschiedenen Stellen des Tisches entstanden. »Es steht in den Sternen, Ala.«

Gino baute unaufhörlich an dem Bild. Ala wunderte sich, mit welcher schlafwandlerischen Sicherheit er die Quadrate auflegte. Sie schaute ihm eine Weile zu und fragte sich, wie oft er in den zwanzig Jahren im Keller wohl schon die unzähligen Teile zu einem ganzen Bild zusammengefügt hatte.

»Hilf mir«, sagte Gino. »Du wirst sehen, es macht Spaß.«

»Wie oft haben Sie das schon zusammengebaut?«, traute Ala sich jetzt zu fragen.

Gino lächelte sanft. »Ich hab aufgehört zu zählen, Ala. Es ist ein schöner Zeitvertreib. Die Zeit hier herunten bekommt eine andere Bedeutung.«

»Wie eine Schleife?«

»Woher weißt du das?

»Hab ich in einem Buch gelesen.«

Sie griff nach einem der quadratischen Teile und versuchte, die richtige Stelle dafür zu finden.

»Das ist ein Randstück«, lächelte Gino. »Du erkennst es am Schnitt. Die Ränder sind nicht so schön geschnitten.«

Er nahm es ihr aus der Hand und fuhr mit dem behandschuhten Finger über die unregelmäßige Stelle. Dann legte er es an die Tischkante. »Der Tisch ist eine Maßanfertigung. Darum auch diese erhöhte Kante am Rand, damit nichts hinunterrutschen kann. Siehst du?«

Ala staunte. Der Tisch war fast drei Meter lang und doppelt so breit wie ein normaler Esstisch. Sie hatte noch nie so ein großes Puzzle gesehen.

»Zweihundert mal zweihundertsiebzig Zentimeter«, erklärte der alte Mann lächelnd. »Es erzählt die Geburt Christi. Bist du katholisch?«, fragte er, ohne vom Puzzle aufzublicken.

»Ich glaub, wir sind keineahnung irgendwie allgemein?«, sagte Ala.

»Es ist ein Heiligenbild. Leider habe ich keine Vorlage hier, an der du dich orientieren könntest. Ich habe es ja im Kopf. Ich habe es schon tausendmal zusammengesetzt.«

Ala suchte nach einem weiteren Quadrat, nahm eines in die Hand, legte es wieder weg und griff nach einem anderen. Der alte Mann deutete auf die noch ganz leere Mitte des edlen Holztischs: »Hier ist das Gesicht der Madonna«, erklärte er, indem er auf die glänzende Tischplatte wies. »Sie sitzt auf dem Boden des Stalls. Sie hat den Heiland geboren. Ihre rechte Hand liegt auf ihrem Bauch.« Er ließ kurz seine eigene rechte Hand über der leeren Stelle kreisen, wo die rechte Hand der Madonna hinkommen sollte. »Und da unten auf dem Boden liegt das neugeborene Kind. Nicht direkt im Stroh, sondern auf einem weißen Tuch.«

»Ist die Frau nackt?«, fragte Ala.

Der alte Mann lachte. »Natürlich nicht! Es ist keine Frau. Es ist die heilige Jungfrau! Sie trägt ein rotes Kleid und eine weiße Bluse. Wie es die Frauen hier bei uns früher trugen, weißt du? Hier rechts neben ihr sitzt der heilige Josef. Er sitzt auf dem

Boden. Man sieht ihn aber nur von hinten. Er ist blond! Oder so weißhaarig wie ich. Je nachdem. Aber er hat so muskulöse Beine, dass er wohl ein blonder Jüngling ist«, lächelte der Boss Gino und setzte wieder ein Quadrat ein. »Caravaggio muss eine große Freude mit diesen Beinen gehabt haben.«

»Was ist Caravaggio?«

»Der Maler, mein Kind«, sagte der alte Mann. »Der hat so geheißen. Michelangelo Merisi, genannt Caravaggio. Nach seinem Herkunftsort. Hast du noch nie von ihm gehört?«

»Gehört schon. In der Schule oder so.«

Ihr fiel ein, dass sie den Namen in ihrem Buch gelesen hatte. Aber bevor sie Gino davon erzählen konnte, war er schon am Weiterreden.

»Ein großer Künstler. Überwinder des Manierismus! Leider haben zwei Strolche das Bild aus dem Gebetshaus in Palermo gestohlen. Dumme Mistkerle! Stell dir vor, sie haben die Leinwand brutal herausgeschnitten.« Er nahm wieder das Randquadrat in die Hand und zeigte es Ala. »Hier siehst du den Schnitt. Diese Grobiane haben es einfach mit dem Springmesser herausgeschnitten! Und damit nicht genug. Man kann so ein berühmtes Werk ja nicht verkaufen. Jetzt haben diese Idioten es in vier Teile zerschnitten! Kannst du dir das vorstellen?«

Ala schüttelte betroffen den Kopf, obwohl es ihr egal war.

»Sie dachten, die Teile können sie leichter verkaufen.« Der Boss der Bosse starrte verzweifelt auf den leeren Tisch, auf dem er das fertige Bild vor sich sah. »In unserer Branche arbeiten zu viele Idioten. Wir haben das Bild dann gerettet vor diesen Tölpeln. Aber mehr konnten wir nicht tun. Wir konnten es nicht wieder ganz machen. Man kann etwas Zerschnittenes nicht wieder ganz machen. Das kann niemand. Was zerschnitten ist, kann man nur retten, indem man es weiter zerschneidet, verstehst du?«

Ala nickte, obwohl sie nicht recht verstand, was er meinte.

»Man muss es so lange zerschneiden, Ala, in so viele Teile, bis es wieder ganz wird. Das haben wir gemacht. Ein *Inch* mal ein *Inch*. Weißt du wie viele Quadrate das ergibt, bei einem Gemälde von zwei mal zwei Meter siebzig?«

»Tausend?«, riet Ala.

»Achttausendeinhundertneunzig Quadrate!«, sagte Gino stolz. »Jetzt setze ich es jeden Tag zusammen, mein Schätzchen. Inzwischen ist es mir so vertraut, dass mir das unzerschnittene Bild als falsch erscheinen würde. Nur hier drinnen«, sagte er lächelnd und deutete auf seine Schläfe, »wird es wieder ganz!«

Ala dachte darüber nach, was der Alte ihr gerade erklärt hatte. Sie wollte ihn etwas fragen, aber bevor sie den Gedanken fertig hatte, war er schon wieder bei seinem Gemälde.

»Den heiligen Josef sieht man nur von hinten, weil er mit dem bärtigen Mann spricht. Der steht hier rechts von Franziskus«, deutete Gino auf die noch ganz leere Tischhälfte. »Und auf der anderen Seite, links von der Madonna, steht der heilige Laurentius. Er stützt sich auf den Eisenrost, auf dem er verbrannt wurde. Und hinter ihm blickt eine Kuh neugierig auf das Jesuskind.«

Der Boss, der für 73 Morde in Abwesenheit schuldig gesprochen war, musste über die Kuh lachen: »Eine dumme Kuh! Neben der Madonna!« Er schüttelte verwundert den Kopf. »Und oben fliegt der Engel durch den Raum. Ein wunderbarer Engel. So wie dein Vater mir die wunderbaren Medikamente durch die Luft geschickt hat. Allerdings erst beim zweiten Versuch. Die erste Ladung hat er behalten, dieser Satansbraten.«

Wie ein maßnehmender Karatekämpfer hielt Gino die gestreckte Handkante über die Mitte des Tisches.

»Der Engelsflügel ist genau hier in der Mitte des Bildes. Senkrecht. Ein senkrechter Flügel. Man hört die Luft fast rauschen«, lachte der alte Mann. »Und nach unten zeigt der Arm des Engels auf den neugeborenen Heiland. Und der andere Arm zeigt hinauf zu Gott. Und hier!«

Auf dem Bildschirm, der die Zufahrt zeigte, und auf dem sich bisher nichts bewegt hatte, bemerkte Ala einen Wagen, der langsam größer wurde. Es war ein Polizeiwagen. Dahinter fuhr ein zweites Auto. Ein weißer Seat Alhambra. Ala kannte dieses Modell, weil auch Selina Katharinas Vater einen Seat Alhambra fuhr. Allerdings einen schwarzen. Beide Fahrzeuge verschwanden wieder und tauchten im selben Moment auf dem anderen Bildschirm auf, der bisher nur Corrados geparkten Wagen gezeigt hatte. Der Seat Alhambra hielt vor Corrados Wagen und verdeckte ihn auf dem Bildschirm komplett. Das Polizeiauto machte kehrt und verschwand wieder auf der Zufahrt, über die es gekommen war. Im Heckfenster des kleiner werdenden Polizeiwagens flammte eine Leuchtschrift auf:

»Ciao Gino!«

Gino ließ sich davon nicht ablenken. Er zeigte in die linke obere Ecke des Tisches: »Hier verläuft das weiße Spruchband, das von der Hand des Engels flattert. Kennst du solche Werbebänder, die von Sportflugzeugen gezogen werden?«

Ala schüttelte den Kopf.

»Ich glaube, das gibt es heute nicht mehr so oft«, sagte Gino. »Früher gab es das häufig. Werbung für eine Veranstaltung oder für den neuen Fiat. Dann flogen Sportflugzeuge über die Dörfer und zogen Spruchbänder hinter sich her: der neue Fiat

Punto. Oder ein Concerto von Luciano. Ein Kampf von Primo Carnera. Oder der Giro d' Italia. Oder ein Rennen in Mugello.«

Der Alte schien über seinen Erinnerungen das Bild vergessen zu haben, sagte schließlich aber doch noch. »So ein Spruchband flattert auch von der Hand des Engels. Hier! Es steht darauf: GLORIA IN ECCELSIS DEO. Nicht mit X, sondern mit zwei C. So hat man das damals geschrieben. Also wenn du einen Buchstaben hast, dann gehört er hierher.«

Gerade als Ala nach einem Buchstabenfragment greifen wollte, klopfte es an der Tür, und ohne den Kopf zu drehen, sagte der Alte so leise, als würde er mit Ala oder dem Engel sprechen: »Komm herein. Aber mach die Tür nicht zu schnell auf, sonst verweht uns die Zugluft die Teile.«

Corrado kam mit einem Trolley herein, hob ihn ächzend in die Höhe und leerte den schweren Inhalt in die freie Mitte des Tisches. Die Geldbündel landeten ungefähr dort, wo das Gesicht der Madonna hinkommen sollte. »Wir haben schon gezählt. Es sind drei Millionen.«

»Pack das hier weg!«, herrschte der Boss Corrado wütend an. »Das gehört nicht hierher.«

Corrado gehorchte wie ein Hund, und in kürzester Zeit war das Geld vom Tisch wieder verschwunden und in einem Tresor verstaut.

Der alte Mann lächelte Ala liebevoll an, zog seine Handschuhe aus und reichte ihr die Hand: »Dann müssen wir uns wohl verabschieden, mein liebes Kind. Du wirst abgeholt.«

Er gab Corrado noch ein paar Anweisungen, was er mit dem Trolley tun solle, und sagte zu Ala: »Ich werde dir ein kleines Geschenk mitgeben, damit du nicht nur schlechte Erinnerungen von hier mitnimmst.«

Ala gab ihm die Hand, verließ Ginos Märchenschloss und ging in die Gästewohnung hinüber, wo Federica inzwischen das Obst vom Vortag gegen frisches getauscht hatte. Sie nahm sich ein paar Trauben und wartete. Corrado war noch bei Gino geblieben, drosch aber kurz darauf an ihre Tür. Erst jetzt fiel Ala auf, dass er vorhin bei Gino ganz normal an die Tür geklopft hatte. Er deutete ihr mit dem Kopf, dass sie mit ihm kommen solle, ließ die Tür der Gästewohnung offen stehen und ging zum Lift voraus. Ala wunderte sich, dass er darauf verzichtete, sie am Arm zum Lift zu zerren. Sie konnte es nicht glauben, dass sie freikommen sollte, und bewegte sich fast so langsam wie Gino. Dann hob der Zauberlift sie so lautlos und sanft in die Höhe, dass Ala immer noch auf das Losfahren wartete, als die Tür sich schon im Erdgeschoß öffnete.

Draußen wartete der Seat Alhambra mit laufendem Motor. Normalerweise hasste Ala es, wenn ein parkender Autofahrer den Motor laufen ließ. Sie hatte sogar schon einmal zu einem wildfremden Mann was gesagt. Gemeinsam mit Selina Katharina hatte sie dem Idioten ins Fenster geschnauzt: Motor aus! Doch jetzt kümmerten sie solche Sachen nicht mehr. Es war ihr egal, obwohl sie nicht ahnen konnte, dass der Mann am Steuer tatsächlich unschuldig war. Er hatte die Anweisung, mit laufendem Motor auf sie zu warten. Nicht nur der Motor lief, sondern auch ein Hörbuch, das Ala erst hören konnte, als Corrado die Heckklappe des Alhambra aufriss.

Im selben Moment, wo Corrado die Heckklappe öffnete und den Trolley in das Auto schmiss, sagte die Stimme des Hörbuchsprechers, dass Corrado den violetten Trolley so schwungvoll in das Heck des Alhambra warf, dass es laut polterte. Dann machten der Sprecher und Alas Gehirn eine kurze Pause.

Nachdem er die Heckklappe wieder zugeworfen hatte, hörte Ala durch die von Corrado geöffnete Beifahrertür, dass Corrado die Beifahrertür aufriss und seiner Geisel die Hand auf den Kopf legte wie ein Polizist, der die Verhaftete mit einer das Gegenteil heraufbeschwörenden Fürsorge davor schützte, sich den Kopf blutig zu schlagen.

»Gute Fahrt«, rief Corrado deutlich hörbar auf Deutsch, obwohl jetzt alle Fenster und Türen geschlossen waren, aber seine Stimme kam aus den Autolautsprechern.

Der Sprecher traf Corrados Stimme sehr gut.

Und im nächsten Moment auch die völlig andere Stimme Ginos.

»Bring mir das Buch herüber, das Ala in der Gästewohnung vergessen hat«, sagte Gino, als Corrado zu ihm in den Keller zurückkehrte.

»Es ist leider in einer fremden Sprache«, sagte Corrado entschuldigend, als er mit dem Buch zurückkam.

»Kannst du es in unserer Sprache finden? Oder auf Englisch?«

Zwei Minuten später hatte Corrado es auf Englisch heruntergeladen. Während Escher und die beim Zuhören eingeschlafene Ala im Seat Alhambra noch nicht einmal den Aspromonte verlassen hatten, begann Gino zu lesen.

Dreizehn Stunden später war Gino auf den letzten Seiten angekommen. In der Morgendämmerung lenkte Escher, der abgesehen von einem Tankstopp die ganze Nacht durchgefahren war, den Alhambra zu dem großen Friedhof am Rand seiner Heimatstadt. Als er vor dem verschlossenen Friedhofstor parkte, erwachte Ala. Entweder lag es daran, dass sie nach dem langen Schlaf noch nicht ganz wach war, oder sie hatte doch im

Schlaf das eine oder andere mitgehört. In traumwandlerischer Selbstverständlichkeit folgte sie Escher zu der nie versperrten Eisentür, die jedem Trauerredner bekannt war, und weiter zu dem Grab ihres Vaters, das inzwischen ganz ohne Zeremoniell und Trauerrede errichtet worden war.

Vor dem Grab stand ein Mann. Er blickte versunken auf das Kreuz und wandte den Kopf erst, als Escher und Ala sich näherten. Trotz der Dunkelheit erkannte Escher sofort, dass es der Elektriker war. Ala lief auf ihren Vater zu und umarmte ihn. Escher stellte sich verlegen neben die beiden und las den Namen auf dem Grabkreuz:

Marko Steiner 1982 bis 2024.

Nicht nur die Gräber waren hier anders als am Friedhof im Aspromonte, wo der Kronzeuge sich von seinem früheren Leben verabschiedet hatte. Es war auch schon heller. Am Grab von Elio Russo (1981 bis 2002) war es noch tiefe Nacht gewesen. Eine Stunde vor der Dämmerung. Ohne Falcones Taschenlampe hätten sie das Grab nicht finden können. Und während er zusammen mit dem Untersuchungsrichter vor seinem eigenen Grab gestanden war, stand er jetzt mit seiner Tochter und ihrem Befreier Escher vor seinem Grab. Zu dritt blickten sie auf die Inschrift, die seinen Tod verkündete.

»Wie hast du das gemacht?«, fragte seine Tochter.

Marko Steiner lächelte, ohne den Blick von seinem Todesdatum abzuwenden. Er hatte sich vorgenommen, seiner Tochter nie wieder die Unwahrheit zu sagen. Aber man konnte sie mit einem Lächeln vertrösten, bis sich eine erträgliche Version der Wahrheit anbot. Und Ala genügte dieses spezielle Lächeln, das sich der Lippen ihres Vaters bemächtigte, um zu wissen, welche Worte dieses Lächeln gleich erzeugen würde. In der größten Selbstverständlichkeit nahm sie ihm die Worte aus dem Mund:

»Trick 17?«

Ihr Vater nickte.

»Korrekt«, sagte er. »Trick 17. Auch bekannt als?«

»Einserschmäh«, sagte die Tochter.

Escher lächelte still, denn als Trauer- und Begräbnisprofi war es ihm eine Selbstverständlichkeit, die Momente des Begreifens nicht zu stören.

Sie standen noch eine Weile vor dem Grab, als müsse man auch einem schon mehrmals Begrabenen die volle Aufmerksamkeit und gebührende Andacht zollen und sich mit der entsprechenden Körperhaltung verabschieden.

Erst als das Tageslicht sich endgültig gegen die Nacht durchgesetzt hatte, wollte Ala wissen, wo ihre Mutter war.

»Sie wartet im Auto«, sagte Marko Steiner. »Wir haben schon alles gepackt.«

»Gepackt?«

»Ja, wir müssen umziehen. Du kannst dir einen neuen Namen aussuchen.«

»Wo steht das Auto?«

Escher fragte sich, wohin sie wohl zogen. Ohne dass er die Frage stellte, drehte der Elektriker den Kopf zu ihm und sagte: »Wir ziehen jetzt in die schönste Stadt.«

»In die schönste Stadt? Da möchte ich auch einmal hinziehen.«

»Dann sehen wir uns vielleicht wieder«, lächelte der Elektriker, während Ala mit ihren Augen schon nach dem Parkplatz schielte. Escher verstand, dass es Zeit war. Er wollte sich von den beiden verabschieden. Es wäre ihm unangenehm gewesen, den Dank der Witwe, die keine Witwe mehr war, entgegenzunehmen. Auch den Dank des Elektrikers wehrte er ab. Seine zum Abschied ausgestreckte Hand zog er aber noch einmal zurück, als ihm das Geschenk einfiel, das er im Auto vergessen hatte.

»Ich muss Ihnen nur noch Ginos Geschenk geben.«

»Wir nehmen keine Geschenke von diesen Leuten«, sagte der Elektriker. »Es gehört Ihnen.«

»Nein, es ist für Ala.«

»Und sie schenkt es ihrem Befreier. Oder?«, fragte er seine Tochter.

Ala nickte.

»Machen Sie sich deswegen keine Gedanken. Sie haben uns drei Millionen gegeben«, beruhigte er Escher. »Wir müssen uns aber jetzt noch nicht verabschieden. Auf dem Weg aus der Stadt schau ich noch schnell bei Ihnen vorbei. Die Steckdose gehört endlich gemacht.«

»Das ist nicht nötig«, wehrte Escher ab.

»Doch, man darf keine Arbeit halbfertig liegen lassen. So bin ich erzogen worden. Außerdem können Sie nicht jedes Mal, wenn Sie Kaffee machen wollen, zuerst den Wasserkessel ausstecken, um die Kaffeemaschine einzustecken. Und dann noch der Wackelkontakt! Ich verstehe überhaupt nicht, wie man so lange mit so etwas leben kann.«

Seine Tochter griff wie ein kleines Mädchen nach der Hand ihres Vaters, etwas, das sie schon seit mindestens drei Jahren nicht mehr gemacht hatte.

»Fahren Sie voraus«, sagte der Elektriker zu Escher. »Wir beten noch ein bisschen und kommen dann nach.«

»Wollen Sie wirklich noch diesen Umweg machen?«

»Man darf nicht ohne Umweg umziehen. Das bringt Unglück.«

»Haben Sie keine Angst, dass ich wieder die Sicherung hineindrücke?«

»Das wäre gar kein Problem«, lächelte Elio.

Escher fuhr nach Hause, und obwohl er vor Müdigkeit kaum noch stehen konnte, nahm er gleich den Trolley aus dem Auto. Er war schwer, aber nicht mehr so schwer wie bei der Hinfahrt, und als er auf dem Gehsteig einen Blick hineinwarf, wunderte er sich, dass achttausendeinhundertneunzig Leinwandquadrate nicht mehr wogen.

Während er auf den Lift zu seiner Wohnung wartete, stellte er Ginos Geschenk zur Seite und öffnete seinen Briefkasten. Er hatte das Gefühl, nach der weiten Reise müsste das Fach überfüllt sein. Doch in Wahrheit war er nicht lange weg gewesen, und er stieß nur auf ein kleines, unscheinbares Polsterkuvert. Im Kuvert befand sich ein winziger, abermals in eine Polsterfolie gewickelter Gegenstand. Der beiliegende Brief war von dem voluminösen Ding so an die Kuvertinnenseite gepresst, dass er ihn beinahe übersehen hätte.

»Wir entschuldigen uns für die Unannehmlichkeiten, die Ihnen durch unseren Produktionsfehler unterlaufen sind«, schrieb ihm der Hersteller des Puzzles *Die Erschaffung Adams*, dem er im Lauf der Jahre mehrere Reklamationsbriefe geschrieben hatte. Die Firma war dem fehlenden Teil, der mitten im Bild ein Loch zwischen den Zeigefingern Gottes und Adams gelassen hatte, auf die Spur gekommen. »Bei unserem großen Maschinenservice konnten wir feststellen, dass durch einen technischen Defekt dieser Teil von unserer Stanzmaschine gefressen wurde, wodurch sich im Lauf der Jahre ein ganzer

Berg im Inneren der Maschine angesammelt hat. Wir danken für Ihr Feedback und wünschen Ihnen viel Vergnügen bei der nun vollständigen *Erschaffung Adams.*«

Da die Liftkabine sich vor ihm öffnete, und er nicht wusste, wohin mit dem so lange vermissten Teil, stopfte er ihn in das Kuvert, und dieses in das Postfach zurück und sperrte es wieder zu. Jetzt war es ohnehin zu spät.

Er wollte sofort Nellie Wieselburger anrufen. Aber als er endlich in seiner Wohnung war, wurde ihm bewusst, dass es noch nicht richtig Tag war. Statt sie anzurufen, zog er den Trolley mitten in das Wohnzimmer und machte ein Foto davon. Er schickte ihr das Foto mit dem Kommentar: »Dein Anruf hat mir sehr zu denken gegeben. Ich weiß nicht, ob ich es schaffe, ein besserer Mensch zu werden. Aber auf jeden Fall hab ich dir aus Italien ein Geschenk mitgebracht. Es befindet sich in dem Trolley (siehe Foto). Bitte schreib mir, wann du Zeit für die Übergabe hast.«

Er hätte sich gern hingelegt, um ein paar Stunden zu schlafen. Aber bald würde der Elektriker läuten, und er wollte ihn nicht überhören. Vorsichtshalber schaute Escher noch einmal, ob die Klingel nicht abgestellt war. Dann schüttete er die 8000 Quadrate auf seinem Boden aus und drehte die mit der Farbschicht nach unten liegenden Quadrate Stück für Stück um. An die Handschuhe dachte er nicht.

Die quadratische Form war gewöhnungsbedürftig. Achttausendeinhundertneunzig Quadrate. Es erschien ihm aussichtslos, dieses Bild jemals fertigzustellen. Nur das Schriftband »Gloria in Eccelsis Deo« war einfach. Er wunderte sich über die Schreibweise. In seinem erschöpften Zustand war es für sein Hirn eine Schwerarbeit, sich den früher doch jedem Kind geläufigen Text in Erinnerung zu rufen. Ehre sei Gott in der Höhe … und Friede allen Menschen … die guten Willens sind.

Um sich von der schmerzhaften Schönheit dieser Worte nicht überwältigen zu lassen, bemühte er sich, noch ein paar Quadrate an den Spruch anzubauen. Der Elektriker ließ ihn warten. Bald spürte Escher, wie der Schlaf ihm in die Finger und in die Augen kroch. Statt den nächsten Puzzleteil legte er seinen eigenen, schweren Körper auf den mit farbigen Quadraten übersäten Boden und wartete darauf, dass der Elektriker klingelte.